中国工程科技2040发展战略丛书

中国工程科技
2040发展战略

农业领域报告

“中国工程科技2040发展战略研究”项目组

科学出版社
龍門書局
北京

内 容 简 介

《中国工程科技2040发展战略·农业领域报告》在系统分析全球农业发展面临的挑战与工程科技发展趋势的基础上，紧密结合农业农村现代化、乡村振兴、农业强国建设等战略与需求，提出面向2040年中国农业领域工程科技的发展思路、战略目标与总体架构，各子领域的重点任务、重大工程与重大工程科技项目，以及工程科技需求牵引的基础研究方向建议。

本书涉及粮食安全、畜牧工程、水产工程、动物疫病、园艺工程、林草业与生态、农业工程、农产品贮藏与加工、农业资源环境、农村现代化等多个子领域，系统性、综合性、前瞻性强，可为相关政府部门系统谋划和前瞻部署提供参考，为科研工作者把握学科前沿动态、明确研究方向提供指引，为科技企业洞察行业发展趋势、优化企业技术创新布局提供助力，同时智库研究人员、社会公众也可通过本书了解农业领域工程科技发展状况和未来图景。

图书在版编目（CIP）数据

中国工程科技2040发展战略. 农业领域报告 /“中国工程科技2040发展战略研究”项目组编. -- 北京 : 龙门书局, 2025. 6. -- ISBN 978-7-5088-6743-4

Ⅰ. G322；S-12

中国国家版本馆CIP数据核字第202542KN16号

责任编辑：石 卉 宋 丽 / 责任校对：刘 芳
责任印制：师艳茹 / 封面设计：有道文化

科学出版社
龍門書局 出版
北京东黄城根北街16号
邮政编码：100717
http://www.sciencep.com
北京中科印刷有限公司印刷
科学出版社发行 各地新华书店经销
*
2025年6月第 一 版 开本：720×1000 1/16
2025年6月第一次印刷 印张：16
字数：256 000

定价：138.00元

（如有印装质量问题，我社负责调换）

“中国工程科技未来20年发展战略研究”

联合领导小组

组　长：李晓红　窦贤康

副组长：邓秀新　王希勤

成　员（以姓氏笔画为序）：

王　岩　王振海　王璞玥　卢春房　付雪峰
刘　克　刘作仪　杨俊林　张守攻　张　军
张伯礼　周守为　洪　微　费爱国　姚玉鹏
贺克斌　聂建国　倪培根　赖一楠　谭天伟

联合工作组

组　长：樊新岩　姚玉鹏

成　员（以姓氏笔画为序）：

丁养兵　于　璇　马守磊　孙　粒　陈冰玉
焦　栋

秘 书 组

组　长：黎青山　王崑声

副组长：马守磊　孙　粒　周晓纪

成　员（以姓氏笔画为序）：

王宏伟　付　强　刘宇飞　刘晓刚　刘盛志
许彦卿　孙　磊　孙胜凯　李欣欣　杨　毅
杨晓迎　杨富裕　沈　顺　张永伟　张国生
张铁煊　张增志　陈　涛　陈　磊　陈欣意
周　源　郑文江　胡承志　贾　怡　徐熙阳
高　丹　黄廷锋　隋秀峰　黎成权　薛晓娟
魏　畅

《中国工程科技 2040 发展战略·农业领域报告》

编 委 会

执　笔　组

（以姓氏拼音为序）

陈　芳　陈婷婷　陈英义　陈源泉　崔振岭
高旺盛　韩　军　韩昕儒　韩一军　郝智慧
侯卓成　胡　盼　胡一民　黄光群　江正强
康绍忠　孔祥斌　李红军　李可心　李雪草
刘　晃　刘德俊　刘俊峰　刘兴旺　孟庆锋
牛　俊　区颖刚　齐明芳　谯仕彦　王　健
王　强　王　允　王朝元　王军辉　王孟强
王世光　王秀东　吴　敏　吴海华　武拉平
辛明明　杨凤娟　杨富裕　杨建宇　杨绍青
杨晓琳　臧　英　张　鹏　章芳芳　赵　晶
朱齐超

统　稿　组

康绍忠　高旺盛　杨富裕　陈源泉

总　序

习近平总书记指出，“工程科技的每一次重大突破，都会催发社会生产力的深刻变革，都会推动人类文明迈向新的更高的台阶”。“中国工程科技未来20年发展战略研究”（以下简称“未来20年战略研究”）是中国工程院与国家自然科学基金委员会联合组织开展的工程科技中长期发展战略研究，是践行国家高端智库和思想库使命，围绕科技创新发展的全局和长远问题，强化科技战略咨询，引导全社会推进工程科技系统创新、引导我国科学家面向需求开展基础研究的重要抓手，自2009年迄今已开展三轮。当前，在中国迈入全面建成社会主义现代化强国的伟大征程这一历史节点，面向2040年开展未来20年战略研究，以人本视点、长远视角、全球视野谋划工程科技体系创新，对于发挥工程科技创新在中国式现代化伟大实践中的强大驱动和支撑作用，显得尤为重要。

一、明确战略导向，系统谋划工程科技体系创新，抢抓新一轮科技与产业革命的战略主动权

当前我们所处的时代，是一个正在孕育和推进巨大变革的时代。一是，新一轮科技革命和产业变革深入发展，新的“技术—经济”周期正在酝酿，科学研究不断突破人类认知边界，技术创新进入前所未有的密集活跃期，自然科学与工程技术正在经历一场空前的大整合，前沿科技领域即将发生一系列重大群体性突破，数字化、网络化、智能化加快与各领域融合，科技和产业形态正在发生体系性变革，一系列颠覆性技术和前沿技术将催生新产业、新模式、新动能，加速形成新质生产力。二是，科技革命与大国博弈相互交织，世界各国竞相布局新领域新赛道，高技术领域成为国际竞争最前沿和主战场，全球科技创新版图将持续进行深度重构，正在并将更加深刻地重塑全球秩序和发展格局，我国建设科技强国的环境更加复杂、任务更加艰巨、挑战更加严峻。三是，中国经济社会进入现代化发展新阶段，质量变革、效率变革、动力变革成为现代化发展的核心主题，本质要求以科技创新引领产业创新，以科技现代化支撑高质量发展，以科技强促进产业强、经济强、国家强，全面推进中华民族伟大复兴。

由此可见，面对百年未有之大变局，科技创新的战略导向十分紧要，工程科技的战略选择至关重要。站在新的历史方位，我们必须把握历史主动和战略主动，作为工程科技思想库，我们更加有责任对工程科技在中国式现代化发展中的作用做出回答，并且要做出系统、科学的回答。通过集聚群智，超前谋划、系统研究，深刻认识、准确把握、主动适应当代科技创新大势，统筹研究与解决工程科技领域战略性、方向性、全局性重大问题，策源重大战略、推动重大攻关，力争在新一轮科技革命的浪潮之巅掌握主动权，为中国乃至全球创新发展贡献方案和智慧，以工程科技赋能传统产业转型升级、培育壮大新兴产业、前瞻布局未来产业，引领现代化产业体系建设，充分发挥工程科技战略对我国工程科技进步和经济社会发展的引领作用。

二、擘画发展愿景，面向全球性挑战和人类共同未来，科学描绘工程科技发展路线图

科技进步在以空前的力量和速度改变人类生产和生活方式，但科技发展的不确定风险也为本就充满变数的世界带来诸多挑战。世界进入大科学时代，工程与科学技术的综合集成加速了科技转化和工程运行节奏，数字智能、绿色低碳和以人为本，成为未来20年全球工程科技创新的最突出主题，人工智能技术成为新一轮科技革命的核心驱动力，可望推动人类迈向普惠型智能社会，绿色、低碳发展成为人类应对气候变化生存危机的最根本路径，工程科技对经济社会及环境等方面的影响不断加深，工程实践日益成为一个社会建构的过程，不仅将引发产业变革，且将在更大程度上引起社会整体性变革，推进人类社会进入崭新的未来世界。与此同时，科技发展本身的风险不容忽视，物理世界、虚拟世界以及人类社会的脆弱性日益凸显，人类发展面临前所未有的挑战，战略失策的风险增加。面向未来，技术方向、技术路线选择是否正确，将决定能否抓住颠覆性创新的窗口期、把控产业体系重构的正确方向、把握技术路径与产业发展主导权，能否有效提高国家科技资源配置效率、满足安全发展和应对全球性挑战的需求，以及是否符合科技伦理的要求和全球科技治理格局重塑的需要。

因此，在不确定不稳定大变局下，我们将怎样看待 2040 年的中国？怎样看待 2040 年的世界？怎样看待 2040 年的人类社会？面对这些前景、挑战和不确定性，我们更加强调以科学的方法开展前瞻战略研究，更加强调立足人与社会的长远发展愿景，以更好地增进人类福祉为目标开展科技发展路径选择，更加强调考量社会经济发展需求与工程科技发展的双向作用。为此，在中国工程科技 2040 发展战略研究（以下简称“2040 战略研究”）中，我们创新提出了“愿景驱动的工程科技 2040 发展战略研究”方法体系，进一步突出需求和愿景驱动，充分发挥工程科技的实践性、创造性、带动性和选择性作用，以更好、更有效地创造和满足人类发展需求为出发点，将技术预见、工程科技发展可能性与经济社会发展需求紧密结合，强调对未来经济社会与科技融合发展的愿景的预见和预判，深度描绘未来发展蓝图，以期选择正确的发展方向，谋划科学高效的发展路径，提出合理可行的发展策略，追求新兴技术与社会发展的和谐统一，通过工程科技的系统性创新与工程实践，主动塑造更加理想的未来，推动人类社会可持续、安全和健康发展。

三、突出联合优势，推动基础研究与工程科技的互融共促，全链条筑牢高水平自立自强根基

基础研究是科技创新的源头和先导，是实现高水平科技自立自强的根基和前提。当前，科学研究范式发生深刻变革，基础研究、应用研究、试验发展呈现非线性链接、互融共促的新特征，基础研究转化周期明显缩短，基础研究与工

程科技的关系将更加密切。从科技革命发展的态势看，国际科技竞争不断向基础前沿前移，要抢抓科技革命发展机遇，必须从底层做起，推动原创性、颠覆性科技创新，实现基础研究与产业研发的底层耦合与深度联动、理论与技术的闭环反馈与快速迭代，为发展新质生产力开辟新领域新赛道，塑造新动能新优势。与此同时，我国当前产业体系和重大工程关键环节仍存在一些短板弱项，其中很大一部分是对基础理论和基础问题认识不清造成的，聚焦现代化经济体系建设要求、产业链和产业生态体系安全发展要求，迫切需要加强需求牵引、问题导向的基础研究部署。

因此，在2040战略研究中，我们把从工程科技发展需求中特别是从重大工程建设需求中提出基础研究问题作为研究重点之一，以充分发挥中国工程院汇聚一大批工程科技界大师的优势，加强工程科技界和基础研究界院士专家的交流互动，围绕工程科技需求共同凝练基础研究问题，提高工程创新中的系统工程思维在基础研究领域整体谋划布局中的作用，强化基于国家战略需求的重大科学问题前瞻布局，促进基础研究与应用研究、成果转化融通发展，进而牵引和拓宽基础科学发展空间。同时，充分发挥国家自然科学基金委员会覆盖自然科学全领域的专家资源优势，加强重大任务和重大科技项目的凝练。这样，既能选择、引导、带动基础研究，又能推动工程科技创新与产业变革，为实现高水平科技自立自强、推动经济社会发展、建设现代化强国做出更大贡献。

总之，2040战略研究具有工程科技与经济社会发展结合紧、从基础研究到重大工程链条全、工程科技覆盖体系强、路线图研究积累深等特点，研究过程中，坚持以院士为核心、以专家为骨干，强调发挥战略科学家的作用，注重吸纳优秀中青年专家参加，动员了各领域近300位院士以及近900位专家，并通过技术预见调查等方式，吸收5000多位专家的意见，强化研究的开放性，充分凝聚各界智慧。在本套丛书即将付梓之际，我们谨对参与和指导项目研究的领导、院士、专家表示诚挚的感谢。

"中国工程科技2040发展战略丛书"包含1部综合报告，1部技术预见报告，11部领域战略研究报告，以及1部《中国工程科技2040发展战略·需求导向的基础研究导论》，力图通过较为系统、全面的战略研究和成果传播，在支撑国家战略规划和决策的同时，为社会各界了解工程科技发展态势、开展技术方向选择等提供指引，为各有关方面规划研究编制提供参考，推动社会各界共同推进工程科技创新，共同迎接和创造新的未来。

展望未来，中国工程院和国家自然科学基金委员会将继续鼎力合作，将未来20年战略研究作为长期任务加以推进，以期通过持续研究，不断提高研究的战略性、科学性与实践性，更好地引领工程科技创新，聚力推动社会主义现代化强国建设。

"中国工程科技未来20年发展战略研究"
联合领导小组

2025年2月

前　言

“中国工程科技2040发展战略研究”农业领域课题组在中国工程院和国家自然科学基金委员会的组织下，面向2040年社会经济发展远景以及农业领域工程科技发展趋势，立足2040年农业农村现代化、乡村振兴、农业强国建设等战略实施面临的问题与工程科技需求，开展科技发展战略研究。

本书梳理了全球农业发展面临的挑战及农业领域工程科技的发展趋势。当下，全球粮食安全面临诸多严峻挑战，其中耕地减少、土地退化等问题尤为突出。这些问题不仅会使耕地资源长期处于紧平衡状态，还会加速农业重要养分资源的消耗，进一步加剧农业水资源紧缺的状况。此外，新型污染物的频繁出现严重威胁着农业生态环境和人类健康，使得农业生产与生态保护之间的矛盾愈发尖锐。与此同时，世界科技革命的快速迭代不断促进农业科技创新日新月异。到2040年，世界农业科技将呈现出基因化、绿色化、数智化、营养化发展趋势。生物、信息、新材料和新能源等领域的颠覆性技术不断涌现，并与传统农业科技交叉融合，不断丰富农业属性内涵和拓展农业功能，颠覆传统生产模式，催生现代农业多种新业态、新产业、新模式，因此我国农业科技将面临前所未有的巨大挑战和发展机遇。

本书明确了面向2040年中国农业农村现代化面临的挑战与科技需求。这一阶段既是我国贯彻新发展理念、依靠科技创新驱动农业高质量发展的关键阶段，也是促进我国农业科技自立自强、加速农业科技现代化、加快建设农业强国的关键阶段。我国农业农村发展仍然面临着粮食安全根基还需全方位夯实、畜牧水产生产方式还较为粗放、重大动植物病虫草害防控形势严峻、农林生态环境治理还需加强、人民营养与健康需求不断升级、农业战略科技力量建设还需巩固等一系列重大挑战和任务。

本书提出了面向2040年中国农业领域工程科技发展的战略定位：农业科技必须为保障国家粮食安全、全面推进乡村振兴和加快建设农业强国三大战略提供强有力的支撑。在“三农”工作的全面布局中，要从战略角度把农业科技放在整个“三农”工作的核心位置，确立农业科技优先发展战略；在全国科技布局中，要以实现高水平农业科技自立自强和农业科技强国为目标，以突破农业农村领域关键核心技术和重大战略产品自主创新为主线，全面提升农业科技在全国科技布局中的战略地位，重构新时代具有中国特色的高质量农业科技创新体系，打造国家农业科技战略新力量，培育农业科技新优势，拓展农业科技新赛道，开创世界农业科技强国新格局，全面提升我国农业科技自主创新能力、国际竞争能力和可持续发展能力。

本书提出了面向2040年的中国农业领域工程科技发展的总体发展思路与重点任务。总体发展思路是：创新引领、产业升级、强化基础、突破卡点、重构体系。重点任务是：突破基础前沿和颠覆性技术，实现更多“从0到1”的突破；攻克关键核心技术瓶颈，持续推动产业技术升级；发展资源节约与替代技术，促进农业绿色发展；拓展传统农业技术领域，构建大食物供给体系；加强乡村关键技术研发，支撑乡村振兴战略。

本书分别在粮食安全、畜牧工程、水产工程、动物疫病、园艺工程、林草业与生态、农业工程、农产品贮藏与加工、农业资源环境、农村现代化等重要子领域提出中国农业领域工程科技的具体发展路径。在基础研究方向方面，本书提出了重要农业生物性状形成机理与优异种质资源挖掘、农业重大生物灾害致病机理等13个重点方向；在颠覆性技术方面，提出了动物干细胞育种技术、高光效作物等6个重点方向。本书综合分析并提出了生物育种、智能农业装备、耕地保护与产能提升等3个重大工程，以及种植业绿色高效低碳生产、数字乡村与农村现代化等12个重大工程科技项目。

本书面向2040年，针对中国实现农业科技高水平自立自强、加快建设农业强国的需求和瓶颈问题，从加大农业科技投入强度、加大农业基础研究支持力度、大力提升农业企业创新能力、强化农业科技人才队伍建设、加快农业科技成果转化应用、加强部署建设国家农业战略科技力量、重构国家现代农业科技创新体系等方面提出了推进措施与政策建议。

本书在研究过程中组建了综合组和各专题组，并通过德菲尔法问卷调查、召开研讨会等形式，广泛征求农业领域专家的意见与建议。各专题组经反复研讨和修改，数易其稿，形成了各专题战略研究报告。在各专题战略研究报告的基础上，综合组专家经多次讨论，最终形成《中国工程科技2040发展战略·农业领域报告》。本书饱含农业领域广大科研工作者的集体智慧，在此对参与问卷调查、研讨会及研究工作的所有人员表示衷心感谢。

由于研究内容复杂、研究时间较短、资料数据收集有限，本书中部分研究还不够深入，不妥之处恳请读者批评指正。

《中国工程科技2040发展战略·农业领域报告》编委会

2025年2月

目　录

第一章　面向 2040 年农业领域世界工程科技发展态势

第一节　世界农业领域发展趋势分析

一、全球粮食安全发展态势

保障粮食安全是全球农业的永恒主题。近 40 年来，全球农业发展取得了显著的进步，总体上农产品生产能力显著提升，农业结构不断变化，基本保障了世界粮食安全，不断提高了人类营养供给水平。据联合国粮食及农业组织（Food and Agriculture Organization of the United Nations，FAO）统计数据库数据（https://www.fao.org/faostat），1961—2020 年，世界总人口由 31 亿增加到 75.8 亿，增长了 1.4 倍；世界谷物总产量由 8.8 亿 t 增加到 27.7 亿 t，增长了 2.1 倍；谷物单产由 1351kg/hm^2 提高到 3905kg/hm^2，增长了近 2 倍；全球人均谷物占有量由 285kg 提高到 388kg，增长了 36%。但是，面向未来，全球粮食安全问题依然面临严峻挑战。目前全世界人口已超过 80 亿。根据《世界人口展望：2015 年修订版》数据，到 2050 年世界人口将达到 97 亿，到 2080 年将达到 108 亿，到 2100 年将达到 112 亿。世界人口数量、结构以及空间（城市化）的变化将对粮食需求产生一定的影响。

未来全球粮食需求预计将大幅增加，特别是在非洲和南亚地区。联合国粮食及农业组织发布的《世界农业 2030/2050 年展望》（World Agriculture：Towards 2030/2050）预测，到 2030 年，全世界仍将有近 6.7 亿人食物不足，约占世界人口的 8%，实现零饥饿的目标仍然面临严峻挑战，到 2050 年全球粮食产量需在 2005—2007 年的基数上增长

1 倍以上才能满足人口增长对于粮食的需要。尽管全球粮食产量急剧增长，但世界仍然面临持续的粮食安全挑战。根据联合国粮食及农业组织发布的《世界粮食与农业展望：2050 年前景》（Looking Ahead in World Food and Agriculture：Perspectives to 2050）报告，未来全球作物产量的平均增长率将相对较低，单位生产成本将在一定程度上提高；全球粮食产量增长趋势变缓，且区域差距依然存在。2012—2050 年，全球谷物（小麦、水稻和玉米）的平均产量预计增长约 30%，相当于年平均增长率约为 0.8%，远低于过去几十年的增长率（即每年 1%—2%），水果和蔬菜的预期产量增长率也相似。全球粮食增产潜力存在明显的区域差异，中低收入国家的小麦和玉米增长率大于高收入国家（因为高收入国家已经接近其最大潜力）。到 2050 年，由于中低收入国家的技术进步空间有限以及气候变化对不同地区的影响不同，高收入国家和中低收入国家之间的作物产量差距预计仍然很大。

在畜牧业生产方面，根据联合国粮食及农业组织预测，未来全球牲畜数量表现出普遍增长趋势，但不同场景和地区之间存在一些差异。与中低收入国家相比，高收入国家的家禽和猪的数量增长率较低，可能是因为采取了农业系统转向经济、社会和环境可持续发展的策略。一些中低收入国家仍然是肉类的净进口国，且对可贸易饲料商品的国内需求持续扩大，特别是对谷物的需求，因此对谷物进口的依赖程度将进一步增加。

总体上，未来全球农业发展面临的挑战主要有以下方面：提供足够的粮食和其他农产品以满足日益增长和不断变化的全球需求，消除饥饿和粮食安全影响因素，保持和提高现有自然资源的生产力和可持续利用能力，适应气候变化以及为缓解气候变化的影响做出贡献[参见联合国粮食及农业组织发布的《粮食和农业的未来：2050 年的替代途径》（The Future of Food and Agriculture：Alternative Pathways to 2050）]；影响未来粮食体系稳定性的主要有六大驱动因素：人口、生物物理和环境、创新、技术和基础设施、社会文化、经济和政治[参见联合国粮食及农业组织发布的《粮食体系风险：新趋势与新挑战》（Food Systems at Risk：New Trends and Challenges）]，需要增强技术创新、增加农业基础设施投入和政策支持，才能可持续保障未来全球人口的食物需求。

二、全球农业资源环境态势

（一）全球耕地资源不平衡状态将持续存在

联合国粮食及农业组织的统计数据库显示，全球耕地面积约有 4.89 亿 hm^2，人均耕地面积为 0.18hm^2，全球耕地资源区域不均问题较为突出，大洋洲人均耕地面积高达 0.78hm^2，北美洲人均耕地面积高达 0.54hm^2，亚洲（0.11hm^2）尤其是东亚地区（0.08hm^2）的人均耕地面积较少。2015 年，联合国粮食及农业组织发布的《土地价值：通过可持续土地管理实现土地繁荣和积极回报》（The Value of Land：Prosperous Lands and Positive Rewards Through Sustainable Land Management）报告指出，全球 52%的农业用地发生中度或重度退化现象。地球上大多数国家（约 110 个）不同程度受到土地荒漠化的影响，非洲情况最为严重，约有 3/4 的旱地受到影响，欧洲约 1 亿 hm^2 的耕地发生退化，澳大利亚也是全球耕地退化最为严重的国家之一。《土地价值：通过可持续土地管理实现土地繁荣和积极回报》指出，土地退化造成的生态系统服务价值损失每年高达 10.6 万亿美元，折合 870—1450 美元/人；耕地资源的空间分布与人口分布存在极大的不均衡性，中国用不足全球 9%的土地，生产了约占世界 1/4 的粮食，养活了约占世界 1/5 的人口；人均耕地面积小于 0.12hm^2 的国家（代表国家：中国）是以农产品和食物进口为主的国家，人均耕地面积介于 0.12—0.26hm^2 的国家（代表国家：德国）是农产品进出口基本平衡的国家，人均耕地面积大于 0.26hm^2 的国家（代表国家：美国）是以农产品和食物出口为主的国家。随着世界人口仍在快速增长和工业化的推进，世界人均耕地面积将进一步下降，粮食安全压力将继续加大，耕地资源的紧平衡状态仍将进一步加剧。

为保护耕地数量与质量安全，世界各国政府启动了一系列行动与工程以推动耕地保护。针对土地沙漠化和荒漠化问题，联合国 1994 年通过了《联合国防治荒漠化公约》，主要目的是协助受严重干旱或荒漠化困扰的国家和地区防治荒漠化，截至 2024 年共有缔约方 197 个。该公约于 1997 年 5 月 9 日对中国生效。2015 年，联合国将荒漠化防治纳入《变革我们的世界：2030 年可持续发展议程》，提出到 2030 年实现全球土地退化零增长目标，形成了防治荒漠化的全球共识。中国启动了“三北防护林体系建设工程”，旨在治理荒漠化、沙漠化和水土流失问题，恢复植被、保持水源和土地资源。埃及政府推出了“新土地”重大工程，计划通过灌溉技术将尼罗河三角洲周边的沙漠开垦为耕地。此外，提高土地生产率也已成为重要的突破方向之一，包括通过轮作、间作、套作等方式提高空间及光温资源的利用效率，以及通过设施化栽培方式提高土地生产率，补光栽培、垂直农业、立体农业等已成为拓展农业发展空间的新业态。

（二）全球水资源紧缺将进一步加剧

全球水资源紧缺问题依然严峻，用水量和可利用水资源在时空分布上匹配度差，进一步加剧了水资源紧缺的风险。根据联合国报道，2022 年仍有 22 亿人缺乏安全管理的饮用水服务，35 亿人缺乏安全管理的环境卫生服务，20 亿人缺乏基本个人卫生服务①。随着未来全球人口的不断增长，用水需求也将明显增加。此外，全球气候变化导致的极端气候事件（如干旱、洪水、极端降水等）可能加剧水资源在空间分布上的不均衡，热带亚热带的干热化可能对粮食安全产生深远影响。除了水资源的数量，其质量也面临巨大挑战，由于水体富营养化等问题，清洁可用的水资源数量进一步减少。尤其是在人口密度大且以灌溉为主的农业生产区，如美国大平原、中国东部、尼罗河三角洲

① 可持续发展目标 6：22 亿人缺乏安全管理的饮用水服务. https://news.un.org/zh/story/2023/07/1119647[2024-06-20].

以及印度等地区，水体富营养化已经成为迫切需要解决的环境问题。因此，未来亟须探索水资源及水环境双重压力下农业与水生态协同的重大工程科技创新与示范应用。

（三）全球农业环境污染形势严峻

目前，全球的氮、磷的排放量已经远远超过了造成环境灾难的安全阈值。环境内分泌干扰物、持久性有机污染物、抗生素、微塑料等新污染物也有可能造成潜在的负面生态健康问题。农药和农膜的大量使用是农田环境中新污染物的重要来源。联合国粮食及农业组织的统计数据库显示，自20世纪90年代以来，全球的农药施用量呈现明显的上升趋势，从1990年的230.4万t增长至2019年的416.9万t，增长了80.9%；农药施用强度从1990年的1.55kg/hm^{2}增长至2019年的2.69kg/hm^2，增长了73.5%。一项全球农药污染风险评估发现，世界上74.8%的农业用地存在农药污染风险，其中31.4%属于高风险类别。2019年全球农用塑料使用量高达1250万t，农膜的需求量预计将会从2018年的610万t增长至2030年的950万t，增幅约56%。其中约79%的塑料垃圾进入垃圾填埋场或自然环境，对陆地、淡水和海洋生态系统构成威胁。随着世界经济的发展，人类社会对主要农产品的需求已从满足温饱逐渐过渡到对高品质、高营养、特色化农产品的需求，以及对良好的生态环境质量的追求，构建可持续的农业发展模式已经成为世界共识。未来农业亟须构建农业生产与生态环境保护、人类社会发展相耦合的发展格局，创建绿色高产、高效优质的农业生产模式。

三、农产品国际贸易发展趋势

（一）2040年农产品国际贸易发展趋势

未来农产品国际贸易受各国农业资源禀赋供给、农产品需求及全球农产品国际贸易环境的综合影响越来越突出。农业科技发展在未来农产品国际贸易中将起到越来越重要的作用。总体看，2040年农产品国际贸易发展将呈现出以下特点。

1. 科技创新将成为农产品国际贸易的重要推动因素

这一点主要表现为贸易农产品的技术含量和技术复杂度的提高，以及贸易手段的现代化。从全球来看，农业科技创新将成为现代农业发展的根本动力。各国政府通过支持基础研究、补贴应用研究和试验发展、推广农业科技、建设基础设施、开展信息服务等措施，促使科技在农业生产中发挥更加重要的作用。农业科技的发展与应用，将大大促进农业生产环节的节本增效，提升农产品的国际贸易竞争力。从产后贸易端看，现代农产品加工、信息通信技术、物流运输技术和贸易结算手段也将日益现代化，从而大大提高贸易效率。

2. 资源禀赋依然是决定农产品国际贸易格局的根本因素

受农产品特殊性的影响，在技术没有颠覆性突破的情况下，水、土地等资源依然是农业生产的必需要素，因而拥有丰富农业资源的国家将依然拥有根本优势。在技术可以传播而水土不能移动、不能贸易的情况下，这些农业资源丰富的国家具有独特的资源优势，再加上其技术的创新和引进，使这些国家的资源优势转变为出口优势，这些国家将成为世界主要的农产品出口国。

3. 绿色贸易将成为未来农产品国际贸易的重要趋势

长期以来，环境问题一直是贸易领域的重点关注话题。随着世界各国在环境保护和气候变化方面做出的努力，特别是以中国为代表的发展中国家在国际环境保护方面做出的巨大努力和获得的显著成绩，在贸易过程中由于产品的环境影响而造成不公平待遇的问题将日益得到改善。各国的现代农业将建立在资源环境可持续性的基础之上。在保护农业生态环境的原则下，通过科技创新提高生产要素的配置效率以及资源的利用效率，减少生态环境污染，建立环境友好型绿色产业，将成为未来农业发展的趋势，也将成为影响国际贸易格局的重要因素。

4. 全球农产品贸易的自由化程度将逐步提高

科技的进步、分工的深化、跨国公司的发展，已使世界各国的产业密切地联系在一起，任何一个国家都难以完全脱离国际市场。全球化是指市场在全球进行资源配置，最终实现全球资源配置的低成本、高效率。贸易是双赢的选择，自由贸易会使各方都获利。尽管当前世界面临百年变局，经济全球化遭遇逆流，但从长远角度看，世界各国走向开放、走向合作的大势没有改变，经济全球化的发展大势也依然不会改变。世界各国将更加积极地推动全球贸易自由化，特别是将建设高度重视粮食及主要食物的全球供应链体系。

（二）2040年农产品国际贸易格局

在2021年世界贸易格局中，前五大农产品出口国分别是美国、荷兰、德国、巴西和中国，占世界总出口量的30%；前五大进口国分别是中国、美国、德国、日本、荷兰，占世界总进口量的40%。除了巴西和日本分别是以出口和进口为主导以外，其他国家都既是主要出口国又是主要进口国。2040年，决定全球农产品贸易格局的主要因素仍将是资源禀赋、市场需求及技术推动。综合来看，农产品国际贸易将形成如下格局。

1. 北美洲、南美洲和大洋洲拥有丰富的食物生产资源，依然是全球农产品贸易的主要出口地区

北美洲和大洋洲的国家主要依靠丰富的自然资源和先进的农业生产技术，因而拥有强大的农产品生产和出口竞争力。以美国、加拿大为代表的北美洲发达国家，不仅农业生产技术先进，政府在农业生产和贸易等方面也提供较多的农业补贴和保护政策支持；以澳大利亚和新西兰等为代表的大洋洲国家，虽然政府对农业的补贴很少，但因其技术先进而且农业特色明显，农产品有较强的出口优势。南美洲的巴

西和阿根廷等国则主要依赖其丰富的自然资源和较低的生产成本，在全球农产品市场上占有一席之地。预计 2040 年随着贸易自由化的不断推进，特别是世界贸易组织（World Trade Organization，WTO）规则的不断完善和实施，美国等国的过度补贴现象将有所缓解，但这也不会改变其在全球农产品出口贸易中的地位。

2. 亚洲和非洲地区的食物生产资源相对匮乏，仍将是全球农产品贸易的主要进口地区

2040 年，受人多地少、资源稀缺等因素的影响，亚洲的中国、印度、日本和韩国等国，以及非洲多数国家仍将是重要的农产品进口国。这些国家又可分为三种类型：一是日本、韩国和新加坡等人口数量少、经济发达的国家，其国内农产品（除大米外）多数依靠进口，这将是其常态；二是中国和印度等国家，人口数量庞大，国内农业没有优势，关系到国计民生的粮食主要依靠国内生产，其他农产品则不同程度上需要依靠进口；三是其他的亚洲国家和非洲国家，除了农业水土资源缺乏、技术相对落后外，气候也对农业生产产生了不利影响，这些国家在不断提高技术水平以改进农业生产的同时，必须依靠国际市场进口农产品，甚至需要继续依靠联合国和一些发达国家的援助。

3. 除上述国家以外的其他多数国家，农产品总体上能够自给自足

这一群体包括的国家数量多、区域分散，遍布各大洲。这些国家的人均耕地面积和人均水资源量等处于全球平均水平，资源和人口分布相对平衡，只是进行一些品种调剂或其他少量的进出口贸易。

基于对未来农产品国际贸易发展的特点分析，并结合我国当前的农业发展特点，可以预见未来我国的劳动力成本将快速上升，“人口红利”将逐渐消失，劳动密集型产品也会失去比较优势。水土资源紧缺、劳动力缺乏将成为未来我国农业生产面临的重要挑战。因此，未

来我国的农业生产必须依靠科技，逐步培育农业的“科技优势”，实现从劳动力比较优势向农业科技比较优势的升级转型，以提高我国在未来农产品国际贸易中的竞争力。

第二节　面向2040年农业领域世界工程科技发展趋势及影响

当前，世界科技革命的快速迭代不断促进农业科技创新日新月异，生物、信息、新材料和新能源等领域的颠覆性技术不断涌现，并与传统农业科技交叉融合，不断拓展农业的属性和功能，颠覆传统生产模式，催生现代农业多种新业态、新产业、新模式，对我国农业科技提出了前所未有的挑战。

一、发达国家加快布局未来农业科技发展战略

为了抢占未来科技高地，世界主要发达国家在工程科技领域不断推出新的战略计划和措施。

（一）美国、加拿大和澳大利亚

2019年，美国国家科学院、国家工程院和国家医学院联合发布研究报告《到2030年推动粮食与农业研究的科学突破》（Science Breakthroughs to Advance Food and Agricultural Research by 2030），提出未来十年需要在系统认知分析、精准动态感知、数据科学、基因编辑、微生物组五大关键技术领域寻求农业领域的科技突破。2020年，美国通过了《无尽前沿法案》（Endless Frontier Act），提出资助十大关键技术，其中包括生物技术、基因组学和合成生物学。2020年，美国商务部发布了《关键与新兴技术国家战略》（National Strategy for Critical and Emerging Technologies），列出了关键与新兴技术清单、战略

目标与主要行动，其中包括农业技术、人工智能、生物技术。2015 年，加拿大发布了新一轮科技战略报告，首次将农业确定为研究领先领域。2017 年，澳大利亚发布了《澳大利亚农业科学十年计划（2017—2026）》[The Decadal Plan for Australian Agricultural Sciences（2017-26）]。

（二）欧洲国家

2016 年，欧盟发布的《欧盟农业研究与创新》（EU Agricultural Research and Innovation）提出了五大优先发展领域：资源管理、动植物健康、综合生态方法、乡村发展新机遇、农村人力和社会资本提升。2020 年，法国遴选出国家应重点支持的十大新兴技术产业，其中包括三项与农业相关的领域。①精准农业与农机设备，主要依靠数字技术与新型农机设备来实现精细耕作，并采用新材料与新技术使整个农业生产体系向生态农业方向发展。相关技术包括卫星定位、物联网、人工智能、增强现实、机器人、无人机、自动驾驶汽车、地理信息系统、遥感。②有利于健康的可持续食品，通过生产环保、低能耗、适应有限生产条件、食品供应链可追溯、适应个性化饮食需求的食品，保障法国粮食生产系统的多样性与实现蛋白质自给自足。相关技术包括分子生物学技术、发酵技术等。③生物控制，以生物控制解决方案来保护作物与牲畜不受外来入侵物种的影响，从而替代不够环保的传统药物产品，相关技术包括生物刺激剂、生物控制、低生态影响植物检疫。2018 年，英国发布《发展生物经济——改善民生及强化经济：至 2030 年国家生物经济战略》（Growing the Bioeconomy—Improving Lives and Strengthening Our Economy：A National Bioeconomy Strategy to 2030），提出了在 2030 年使英国成为全球领先的开发、制造、使用和出口生物科技及产品的国家的愿景。

（三）日本和韩国

2022 年，日本发布了《农林水产研究创新战略 2022》（農林水産研究イノベーション戦略2022），这是日本农业科技研究瞄准世界科技前沿出台的最新战略之一，重点聚焦农业机器人、人工智能等先进技术的研发和应用，试图建立以“智能农业”为总目标的现代化农业体系。韩国现行的农业科技发展主要围绕《第六届农业科技中长期研究与发展规划（2013—2022）》，根据产业链布局创新链，一是集中力量攻克国际前沿的核心技术和重点领域，重点关注种质资源、生物资源、农产品安全、环保农业等领域；二是推动农业科技创新能力的提升，进而在全球农业产业链条中占据中高端位置。

二、未来世界农业工程科技呈现四大重要趋势

总体上，世界正处于第四次技术革命的浪潮之中，新一轮农业科技革命悄然兴起，未来农业工程科技发展将呈现出四大重要趋势，即基因化、绿色化、数智化和营养化。

（一）基因化

国际上基因组学、基因编辑、合成生物学等生命科学前沿领域的原始创新不断突破，成为全球农业学科竞争力的热点标志。例如，在生物育种领域，以基因编辑技术为代表的新一代生物技术将颠覆农业动植物育种方式，打破传统育种的时空限制。随着基因组测序技术、转基因技术、克隆技术、基因编辑技术等分子生物学技术的出现，以及其在育种中的应用，动植物育种技术将不断取得重大突破。未来随着对生命认知的深入和新型生物技术的出现，颠覆性育种技术将不断涌现。当前美国已基本进入智能设计育种时代，其依托此前积累的大量育种数据，通过全流程大数据驱动开展作物表型模拟，并利用决策模型辅助育种科学家进行精准杂交组配。近年来已有多家国际种业公司以重组与并购等形式实现人工智能技术与生物技术的多元化融合，以整合育种研发链条，增强在国际种业领域的核心竞争力。目前我国

多数动植物核心种源对外依存度较高、原创不足，当前亟须弥补关键技术融合、多元学科交叉及产业化等方面的不足，实现育种技术体系的智能化及工程化。

（二）绿色化

绿色发展已经成为全球人类发展观的深刻革命，将对技术创新以及产业发展、技术标准等形成强制性规则倒逼机制，还将成为新的经济增长点，引领全球提升绿色竞争力。在国际上抢占以动植物优质品种、绿色低碳环保、绿色制造、绿色农产品安全控制等为关键核心技术的科技制高点，成为提升国际农业技术竞争力的关键要素，也是农产品国际贸易竞争中的关键要素。例如，新一代生物技术和先进材料技术相结合将改变农业投入品的生产模式。以合成生物学、核糖核酸（ribonucleic acid，RNA）干扰技术为代表的新一代生物技术与以纳米、石墨烯为代表的先进材料技术相结合，将改变传统化肥、农药、兽药等农业投入品的制造。传统化肥、农药、兽药在保障农业高产的同时，也造成了严重的环境污染、动植物抗药性和健康遭到威胁等问题。发展颠覆性农业投入品，在确保农业高产、稳产的同时，还可以保障食品安全、公众健康和环境安全。未来，利用合成生物学制备微生物次生代谢产物、利用 RNA 干扰技术防治病毒病等技术，将开辟从基因水平进行病虫害防治技术研发和药物制备的生物学新途径；利用纳米新材料研发的高效农药传递系统、家畜疫苗递送系统、疫苗纳米佐剂和基于智能生物材料的农药控释技术等，将实现靶向施药，提高动植物免疫效果。此外，作物耐旱增强粒子、基于石墨烯的新型抗病植保材料（可以通过过滤病原体来节约用水并保护植物）、人造病毒作为预防性或者治疗性疫苗、作物微生物组学技术等也是农业生物药物与生物肥料领域重大颠覆性技术的研究方向，将形成智能化、可持续的农业投入品生产模式，在保证粮食安全和环境安全的同时，实现可持续发展。

（三）数智化

诸多国家在数字经济时代展开了新一轮最广泛、最深刻、最激烈的技术竞争，形成了齐头并进的态势。全球农业进入了数字经济背景下的高层次现代化发展阶段，以互联网、物联网、传感器等为基础的智能农业、智慧农业、无人农业等农业新业态不断涌现，不断变革着农业生产方式。例如，新一代信息技术驱动下的颠覆性智慧农业技术将变革传统的农业种养方式。以大数据、云计算、互联网、传感器、物联网和人工智能等新一代信息技术为驱动力的智慧农业，将推动农业种植业和养殖业向集约化、精准化、绿色化、数字化、智能化方向迈进。在种植业方面，绿色、高效的智能农机装备和机器人在播种、除草、收获等环节的应用，将改变传统的人力、畜力劳作方式，使其转变为自动化、智能化的机械化生产方式，农民或专业技术人员只需远程监测或控制即可高效开展田间作业。智能化的施肥、灌溉、施药等系统将变革原有依靠高投入、人工和经验的粗放型农业种植业的田间管理模式，实现精准化、差异化、集约化有效管理，根据不同地块、不同时期对作物的水肥需求及病虫害入侵情况等进行科学决策，提高资源利用效率和管理效率。在养殖业方面，智能跟踪系统、环控系统、饲喂系统、挤奶系统、粪便等废弃物清理系统及水产养殖监控系统等的开发和应用，可以精准、实时、远程掌握动物的活动轨迹、生长发育状况、健康状况及养殖环境状况，并进行自动控制和处理，这极大地解放了人力，提高了绿色清洁生产能力。智能技术驱动下的农业科技变革对农业发展产生了系统性颠覆影响，农业动植物生理传感器、动植物生长优化模型、装备管理与优化以及智能机器人等将是智慧农业技术未来的研究热点。前沿技术的不断突破将持续对依赖人力和经验的传统农业种养方式产生变革性影响。机器学习、区块链、物联网等信息技术在智慧农场、智能温室等具体农业生产场景下集成应用，管理者能够进行精准的农业信息感知、科学量化决策、农业机械设备智能控制及生产投入精准控制。

（四）营养化

全球生命价值观正在发生深刻变革，农业不仅可以为人类提供富含营养的食物，同时也可以为人类的健康做出贡献。因此国际上形成了休闲农业、营养农业、医疗农业等农业发展新趋势。经济和技术的快速发展，使得营养健康的饮食理念逐渐深入人心。2040年，在农业生物安全领域，信息技术和人工智能将驱动动物疫病监测预警和控制决策的数字化、精准化和智能化，通过国际政府间组织促进跨地区、跨部门、跨学科的广泛交流与合作，践行“同一健康”（One Health）理念，科学制定有针对性的人畜共患疾病控制计划，提高国内和国际应急响应能力，以此控制疾病暴发。在食品营养与健康领域，从近年的经费支持情况来看，美国在食品科学领域的基础研究重点聚焦于食品营养与人类健康，同时也非常重视食品安全与新型农产品的开发及环境可持续发展，美国很多企业已经将目标锁定在功能营养产品上，如纳米食品和分子食品的开发和推广，与此相关的新兴技术得到快速发展；日本的食品工业非常发达，十分重视科学领域的基础研究工作，资助的研究项目覆盖范围非常广，也侧重于食品营养与健康等方面的基础研究。

第二章　2040 年中国农业领域科技与社会发展愿景及需求

第一节　2040 年中国农业领域经济社会发展预测及需求

一、中国国民经济产业结构发展趋势

根据国家统计局的“国家数据”统计数据库，1980—2021 年，我国国内生产总值（gross domestic product，GDP）的产业结构发生了较大变化，如图 2-1 所示。第一产业 GDP 占 GDP 总量的比重呈现出逐渐下降的趋势，第三产业 GDP 的比重逐渐上升。1981 年，我国第一产业 GDP 为 1545.7 亿元，占当年 GDP 总量的 31.26%，并在 1982—2000 年出现快速下降趋势；2000 年，我国第一产业 GDP 为 14 717.4 亿元，占当年 GDP 总量的 14.53%，相比 1981 年下降 16.73 个百分点，随后这一比重依然保持下降趋势，但下降速度有所放缓；2021 年，我国第一产业 GDP 为 83 216.5 亿元，占 GDP 总量的比重仅为 7.10%，远低于第二产业 GDP 的比重（38.09%）和第三产业 GDP 的比重（54.82%），说明农业在国民经济发展中的份额逐渐下降。

参考美国、日本等发达国家的产业结构发展趋势以及我国基本国情，预计 2040 年我国第一产业 GDP 的比重基本稳定，下降空间较小，约为 7.0%，第二产业 GDP 的比重也将呈现下降趋势，第三产业 GDP 的比重则一直保持国民经济中的最大份额。

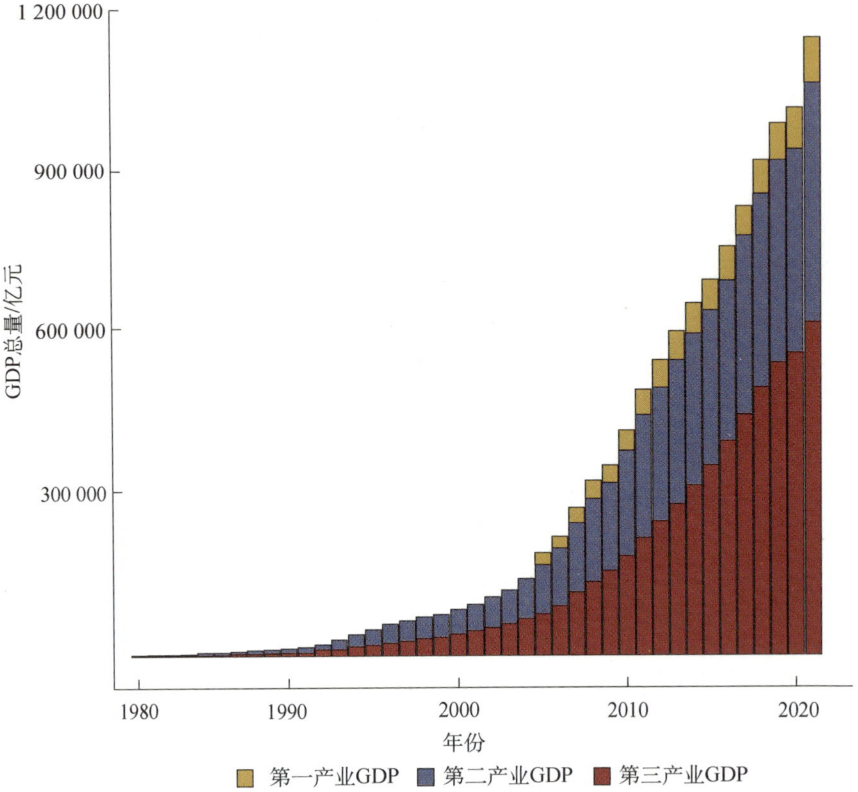

图 2-1　1980—2021 年中国 GDP 产业结构变化趋势

资料来源：根据国家统计局“国家数据”（https://data.stats.gov.cn/）整理绘制

二、中国农产品消费需求变化趋势分析

（一）历史趋势

20 世纪 90 年代以来，我国大部分农产品的消费总量总体呈现出增长态势（表 2-1）。从粮食（主要包括小麦、稻谷和玉米）的消费总量变化趋势来看，我国 1990 年粮食消费总量为 25 997.98 万 t，随后呈现出两次先下降后增长的变化趋势，1990 年至 2012 年我国粮食消费总量由 25 997.98 万 t 下降到 16 156.22 万 t，2013 年增长到 20 331.16 万 t，随后又波动下降至 2020 年的 19 939.13 万 t（袁小慧等，2015；张雯丽等，2016）。从食用植物油的消费总量变化趋势来看，1990 年我国食用

植物油的消费总量为 628.24 万 t，2020 年增加到 1468.60 万 t，这段时间总体呈现出先缓慢增长随后波动增长的变化趋势，1990—2010 年年均增速为 2.43%，而 2010—2020 年年均增速为 3.71%。从蔬菜消费总量的变化趋势来看，我国蔬菜消费总量总体呈现先下降后增长的几次波动变化趋势，1990 年我国蔬菜消费总量为 15 462.54 万 t，随后呈现波动变化趋势， 2013 年下降至 13 330.79 万 t，2020 年达到 14 643.68 万 t。从肉禽及制品（包括牛肉、猪肉、羊肉、禽肉，以下简称“肉类”）消费总量的变化趋势来看，其总体呈现出波动增长态势，1990 年我国肉类消费总量仅为 1819.00 万 t，2020 年已经达到 3502.06 万 t，接近 1990 年的 2 倍，年均增速为 2.21%。从禽蛋消费总量的变化趋势来看，我国禽蛋消费总量呈现整体波动增长的变化趋势，1990 年仅为 421.69 万 t，2020 年达到 1807.51 万 t，是 1990 年的 4.29 倍，年均增速为 4.97%。从鲜奶及奶制品的消费总量变化趋势来看，这是我国主要农产品中消费总量增长幅度最大、增速最快的农产品，1990 年我国鲜奶及奶制品消费总量仅为 232.35 万 t，而在 2020 年已经达到 1835.76 万 t，是 1990 年的 7.90 倍，年均增速为 7.13%。

表 2-1　1990—2020 年我国主要农产品消费总量变化趋势　　单位：万 t

年份	粮食	食用植物油	蔬菜	肉类	禽蛋	鲜奶及奶制品
1990	25 997.98	628.24	15 462.54	1 819.00	421.69	232.35
1995	25 420.33	748.58	13 088.49	1 997.31	619.34	214.07
2000	24 006.37	945.30	13 895.80	2 649.92	900.20	541.99
2005	19 895.71	967.97	14 289.98	3 516.72	935.71	1 220.51
2010	17 637.70	1 015.57	14 037.12	3 812.03	1 013.40	1 174.60
2011	16 740.03	1 133.64	13 818.25	3 973.58	1 058.60	1 293.34
2012	16 156.22	1 158.82	13 508.06	4 072.24	1 133.48	1 344.06
2013	20 331.16	1 640.71	13 330.79	4 470.94	1 121.15	1 599.69
2014	19 408.09	1 449.29	13 337.90	3 523.74	1 183.76	1 734.34
2015	18 604.85	1 466.26	13 528.28	3 624.14	1 314.10	1 673.74
2016	18 490.01	1 475.86	13 937.12	3 633.96	1 350.55	1 670.78
2017	18 215.43	1 456.11	13 889.09	3 738.29	1 400.11	1 694.13
2018	17 876.82	1 349.19	13 505.99	4 145.96	1 363.25	1 714.60
2019	18 345.14	1 339.58	13 903.39	3 793.12	1 508.79	1 762.60
2020	19 939.13	1 468.60	14 643.68	3 502.06	1 807.51	1 835.76

资料来源：历年《中国统计年鉴》《中国农村统计年鉴》

不同农产品的居民人均消费量变化趋势不尽相同（表2-2）。粮食的居民人均消费量总体呈现下降趋势，由1990年的227.4kg下降到2020年的141.2kg，比1990年下降37.9%。相比之下，食用植物油、肉类、禽蛋、鲜奶及奶制品的居民人均消费量总体保持增长趋势，其中鲜奶及奶制品、禽蛋的年均增速分别为6.44%和4.22%。居民人均蔬菜消费量则呈现波动增加的变化趋势。

表2-2　1990—2020年我国主要农产品居民人均消费量变化趋势　　单位：kg

年份	粮食	食用植物油	蔬菜	肉类	禽蛋	鲜奶及奶制品
1990	227.4	5.5	135.2	15.9	3.7	2.0
1995	209.9	6.2	108.1	16.5	5.1	1.8
2000	189.4	7.5	109.6	20.9	7.1	4.3
2005	152.2	7.4	109.3	26.9	7.2	9.3
2010	131.5	7.6	104.7	28.4	7.6	8.8
2011	124.1	8.4	102.4	29.5	7.8	9.6
2012	118.9	8.5	99.4	30.0	8.3	9.9
2013	148.7	12.0	97.5	32.7	8.2	11.7
2014	141.0	10.6	96.9	25.6	8.6	12.6
2015	134.5	10.6	97.8	26.2	9.5	12.1
2016	132.8	10.6	100.1	26.1	9.7	12.0
2017	130.1	10.4	99.2	26.7	10.0	12.1
2018	127.2	9.6	96.1	29.5	9.7	12.2
2019	130.1	9.5	98.6	26.9	10.7	12.5
2020	141.2	10.4	103.7	24.8	12.8	13.0

资料来源：历年《中国统计年鉴》《中国农村统计年鉴》

（二）未来趋势

到2040年，我国粮食需求预计呈现先增长后下降的趋势，肉类、鲜奶及奶制品、蔬菜的总需求量将出现大幅增长，食用植物油和禽蛋需求保持稳定，具体表现如下。①粮食：由于人口持续增长，粮食消费量也将继续增长，但人均粮食消费量增长缓慢，随着人口达峰出现负增长后，我国粮食消费总量开始下降。预计2031年左右我国粮食消费总量达到峰值，约为20 607万t。同时由于土地单产持续提升，2040年稻谷产量将稳定在 2 亿 t 以上，小麦总产量达到 1.36 亿 t，玉米总产量达到 3.50 亿 t，粮食供给保持充足。②食用植物油：生产保持稳中有增，食用油籽和食用植物油进口量保持高位。预计 2040 年我国食用植物油需求总量会随人口增加而上升，食用植物油消费量将增长到 1464 万 t；由于国内产需缺口较大，预计 2040 年食用油籽等原材料进口量将扩大到 1.07 亿 t。③蔬菜：消费总量继续增加，预计年均增长 1.6%，2040 年我国蔬菜消费总量将达到 2.54 亿 t，其中鲜食消费量增长较快，年均增速为 2.5%。④肉类：人口增加、收入增长和消费升级将带动肉类消费需求较快增长，预计 2040 年肉类消费总量将达到 6000 万 t，其中牛肉和羊肉的消费量年均增速分别为 2.7%、2.1%，消费量将分别达到 994 万 t 和 630 万 t。因消费需求快于产量增长，肉类进口量将持续增加。⑤禽蛋：总体趋势是生产和消费缓慢增长，进出口基本稳定。预计 2040 年禽蛋消费总量将达到 3467 万 t，年均增长 0.8%。预计出口量每年保持在 10 万—11 万 t，进口以种用蛋为主，进口量每年保持在 10—20t。⑥鲜奶及奶制品：预计 2040 年消费量将增至 3654 万 t，年均增长 2.9%。奶类产需缺口将长期存在但逐步缩小，到 2040 年进口量将达到 654 万 t（折生鲜乳），年均增长 1.6%。

三、中国农业资源环境变化趋势分析

（一）耕地资源

随着工业化、城镇化的快速发展，我国耕地资源将面临不断减少的压力。根据第三次全国国土调查结果，我国人均耕地面积约 1.36 亩[①]，不足世界平均水平（人均 3.0 亩）的 50%，在 195 个国家中排名第 118 位。《2019 年全国耕地质量等级情况公报》指出，我国中低产田占比近 70%，部分区域耕地质量存在耕层浅薄、养分失衡、土壤酸化、水土流失等突出问题。《全国国土规划纲要（2016—2030 年）》确定了

① 1 亩≈666.7m^2。

2030年耕地保有量目标为18.25亿亩以上，较2020年目标减少0.4亿亩。预计到2040年，我国耕地面积将稳定在18亿亩的耕地红线范围内。未来我国将不断推进高标准农田建设，提升耕地质量，加快耕地保护与质量提升科技创新，增强耕地抗灾减灾能力，提高耕地产能。

（二）水资源

我国水资源匮乏，人均占有量少，人均水资源占有量约为世界平均水平的25%，是世界上13个水资源占有量贫乏的国家之一。据我国《中国水资源公报2021》数据统计，2021年我国水资源总量为29 638.2亿m^3，总用水量高达5920.2亿m^3，农业用水量为3644.3亿m^3，占全国总用水量的61.6%，水资源总量不足与区域分布不均衡并存。在空间上，我国东北及东南大部分地区近20年水资源总量均呈现增加趋势，西南诸河流域、长江及西北诸河流域的水资源量呈现减少趋势。中国科学院测量与地球物理研究所的卫星监测数据显示，华北平原地下水超采量达1200亿m^3，每年亏缺60亿—80亿m^3，已成为世界最大的地下水"漏斗区"。

我国农田灌溉水有效利用系数为0.568，水分生产率为1.18kg/m^3，而发达国家的水分有效利用系数为0.7—0.8，水分生产率超过2kg/m^3。与此同时，我国农业面源污染与农业生产的矛盾不断加大，农业水污染状况不容乐观。根据生态环境部公布的2024年第二季度和1—6月全国地表水环境质量状况，1—6月，3641个国家地表水考核断面中，水质优良（Ⅰ—Ⅲ类）断面比例为88.8%，劣Ⅴ类断面比例为0.8%。第二季度，监测的210个重点湖（库）中，轻度富营养的湖（库）占比为18.2%，中度富营养的占比为3.0%，重度富营养的占比为0.5%。因此，提升水资源利用效率、降低农业水污染排放已成为我国农业水资源管理的重大任务。为此，我国将实施一系列农业水利重点工程，加快农业水资源利用科技创新。预期到2040年，我国节水灌溉面积会大幅提升，灌溉水分生产力将达到欧美国家当下水平，适水生产的农业格局基本建成。

（三）肥料农药

我国是化肥施用大国，根据国家统计局的“国家数据”数据库，2021 年全国农用化肥施用量为 5191.26 万吨。2024 年我国水稻、小麦、玉米三大粮食作物化肥利用率为 42.6%[①]。另外，我国化肥施用强度仍处高位，单位播种面积施肥量是国际化肥安全施用上限的 1.37 倍，整体来看，水稻、玉米、小麦三大粮食作物化肥利用率与欧美发达国家相比仍有较大差距。

根据联合国粮食及农业组织统计数据库，1990—2020 年，中国农药年使用量在 2010 年前位居世界第二，从 2015 年开始逐渐降低。1990—2014 年，农药施用量呈稳步上升趋势；2015—2020 年，中国实行了农药和化肥的“双减”政策，农药施用量逐年减少。据我国《到 2025 年化学农药减量化行动方案》，2025 年我国主要农作物农药施用强度将比“十三五”期间降低 5%，农药利用率将提高到 43%，预计到 2040 年我国主要农作物农药施用强度将较“十三五”期间下降约 30%，农药利用率提高到 50%左右。

第二节　2040 年中国农业领域工程科技需求分析

一、保障粮食安全仍面临多重挑战，亟须全方位落实“藏粮于技”科技行动

从中长期看，我国的粮食产需仍将维持紧平衡态势。从需求形势看，随着经济社会的发展，人均口粮消费将稳中略降，饲料和工业转化用粮消费继续增加，粮食消费总量刚性增长，粮食消费结构不断升级。从生产形势看，农业生产成本仍在攀升，资源环境承载能力趋

① 三大粮食作物化肥利用率稳步提升. https://www.moa.gov.cn/xw/zwdt/202501/t20250114_6469150.htm[2025-01-14].

紧，农业基础设施相对薄弱，抗灾减灾能力有待提升，在确保绿色发展和资源永续利用的同时，稳定发展粮食生产的压力较大。从流通形势看，粮食生产将继续向核心产区集中，跨区域粮食流通量将进一步增加，粮食市场大幅波动的风险依然存在。预计到2040年我国人口数量达到峰值之后，人民生活水平的提高将对农产品需求量提出更高要求，粮食安全将面临高产与高效协同、产量与品质并重、生产与生态双赢的多重挑战，粮食生产需要从传统的高产导向转向高产、优质、高效、绿色、低碳、安全等多目标协同。粮食生产的降本增效成为提升国际竞争力的关键突破口，促进农业科技创新实现粮食生产高效、智能、绿色化转变是我国粮食生产的必由之路。在粮食刚性需求总量大和消费结构多样化的背景下，实现农产品更安全、更营养、更健康、更绿色的生产方式，有效满足人民生活水平提高的多样化农产品消费需求。

二、畜牧生产方式还比较粗放，亟须科技赋能畜牧业降本增效和转型升级

畜牧业是关系我国国计民生的重要产业。畜牧业转型升级正在加速推进，但我国畜牧生产方式总体上还比较粗放，产业体系还不完善，疫病防治和养殖污染问题尚未得到彻底解决，绿色优质畜产品供给还不能满足人民群众的需求，稳产保供压力巨大。未来在畜产品需求增量巨大、饲料资源短缺和生态环境压力威胁畜牧业可持续发展等情况下，满足我国城乡居民对畜产品安全供给的需求是我国畜牧业工程科技发展亟待解决的重要问题。畜牧工程科技到2040年前应在新品种培育、高效繁殖、饲料和畜禽营养、生态草原畜牧业、畜禽健康养殖、畜禽生产环境控制、畜产品加工、动物源性食品质量安全等方面取得关键性突破，形成畜禽智能育种、智能生态放牧等新业态，并整合成完整的畜牧业集成技术体系，最终以科技引导和推动我国畜牧业向“科技、绿色、健康、高效”的可持续发展模式转型。

三、水产整体竞争力有待提高，需要加强渔业科技创新能力建设

我国在渔业发展方面虽已取得巨大成就，成为世界第一渔业生产大国、水产养殖大国和主要远洋渔业国家，水产品产量长期雄踞世界第一的位置，但依然存在水产种业不强、渔业资源衰退、设施和设备落后、绿色发展动能不足、产业融合发展不充分、供给侧结构不合理等问题。从现在到2040年前，我国在数量、质量和科技贡献等方面，应围绕“高效、优质、生态、健康、安全”的原则建设现代渔业，以“良种化推进种业提升、智能化引领产业升级、标准化带动绿色发展”为目标，通过在水产种业、渔业装备、水产养殖、渔业捕捞等领域的原始基础理论、重大共性技术和典型区域等方面实施科技创新，构建精准育种、智能装备、精准探捕、绿色养殖、生态牧场等技术体系，着力构建现代水产种业、现代水产养殖生产模式、现代水产养殖装备与设施、现代水产疫病防控和质量安全监控、现代水产饲料与加工流通、现代水产养殖科技与支撑、现代水产养殖产业等创新发展体系，为实现渔业强国的战略目标奠定坚实基础，为实现“产业优化、产地优美、产品优质”的目标提供技术保障，实现我国水产工程科技从“并跑”向“领跑”全面超越，推动我国从水产工程科技大国向强国迈进。

四、重大疫病防控形势严峻，亟须提升可防可控可治技术水平

我国动植物生产面临多种重大植物病虫害、动物疫病的危害，给农业安全带来极大风险。特别是多种重大动物疫病及人兽共患病在部分区域呈流行态势，新发动物源性病原正以前所未有的速度持续出现，人兽共患病的传播途径越来越复杂，公共卫生安全隐患持续存在，重大动物疫病防控产品高度依赖国外引进，重大动物疫病与人兽共患病防控仍将是限制我国畜牧业健康发展和影响兽医公共卫生安全

的重要因素。我国亟待进一步提升自主创新能力，建成高效的疫病预警体系，研制出一批安全高效的疫病防治技术产品，进一步完善动物重大疫病综合防控体系，推进重点病种从免疫临床无病向不免疫无病过渡，逐步清除动物机体和环境中存在的病原，有计划地控制、净化、消灭对畜牧业和公共卫生安全危害较大的重点病种，这是到2040年我国动物疫病防控的必由之路。针对我国畜牧业养殖健康发展与动物疫病防控面临的主要问题和重大科技需求，以非洲猪瘟等畜禽重大疫病、重要人兽共患病为主攻方向，重点突破病原学与致病机制、新型诊断试剂、新型疫苗、新兽药与替抗新产品、产品应用与疫病防控等关键科学与技术瓶颈问题，为防控体系提供重大理论、技术、产品支撑和解决方案，通过科技创新重点解决动物重要疫病的可防可控可治和全程防控“绿色化”的基础理论、关键技术、重大产品与装备等问题成为未来发展的主要方向。

五、园艺产业高质量发展相对滞后，需要加快构建园艺自主创新体系

园艺绿色高效生产已经成为国际上可持续发展的主流方向。近40年来，我国园艺发展取得了巨大成就，为保障国家粮食安全和“菜篮子”工程发挥了重要作用，是践行大食物观的重要组成部分。在我国园艺产品需求增量巨大、劳动力短缺及极端天气灾害威胁等压力下，满足未来城乡居民对园艺产品安全供给及绿色生产的需求是我国园艺工程科技发展亟待解决的重要问题。目前，我国园艺种业的国际竞争力整体较弱，亟须加强设计育种科技提升；园艺产业劳动力持续下降，须构建绿色高效栽培及智慧园艺技术体系；食物消费需求不断升级，需要加强园艺品质功能强化及采后质量控制创新能力；农业气候灾害频发，需要发展园艺产业应对气候变化和防灾减灾突发技术体系。到2040年前，我国应以科技引领园艺工程智慧化自主创新，真正成为创新型园艺生产大国和产品及技术供给强国，实现园艺产业的品

种多元化、布局区域化、技术标准化、产品优质化、应急快速化、生产现代化。

六、林草产业及其生态持续性还不够稳定，需要系统构建林草固碳增汇技术体系

林草产业是我国农业的重要组成部分，根据国家林业和草原局印发的《林草产业发展规划（2021—2025 年）》，预计全国林草产业总产值到 2025 年将达 9 万亿元，基本形成比较完备的现代林草产业体系。但是，我国林草产业发展仍面临着主要用材突破性品种少，林草新品种和良种生产与林业生态建设和产业需求之间缺口巨大，人均森林蓄积量仅为世界平均水平的 1/6，应对气候变化和人为干扰的能力较低，生态产品短缺与日益增长的社会需求之间矛盾突出，森林碳汇能力理论技术体系还需完善，林业机械化、智能化程度低，以及草原生态保护与生态修复技术水平不高等一系列问题。亟须围绕生产高质量、多样化林产品目标，有效满足人民的美好生活愿景，形成多样稳定持续的生态系统，提供“生态安全、生态服务、美丽中国”多元化服务，提升林业与草原生态系统的碳汇能力，加快“双碳”目标的推进，以及绿色、高效、智能化木质材料和制品的创制，满足经济社会绿色化、低碳化高质量发展目标。

七、农业生产方式正处于数字化变革时期，需要加快发展智慧农业体系

我国人多地少，根据联合国粮食及农业组织的统计数据库，2016 年我国的人均耕地面积仅为 0.09hm^2，相当于世界人均耕地面积的 1/3 左右，人均水资源量是世界平均水平的 1/4。当前“互联网+”、大数据、云计算等正在引领我国的信息技术和产业进入一个转折期。集成电路正在逐步进入“后摩尔时代”，计算机逐步进入变革趋异网络时代，互联网正在进入智能个性创新的新黄金时代，云计算和大数据的

兴起是信息技术应用模式的一场变革。无时不在、无处不在的信息网络环境，推动着人类生产、生活和管理方式发生深刻改变。随着数字技术的发展，农业也进入了绿色革命、数字革命的新时代。《中国互联网发展报告 2021》显示，我国数字化经济规模已达 39.2 万亿元，占全国 GDP 的 38.6%，农业工程科技必须牢牢把握这个机遇，发展数字农业与智慧农业。面对中国农业现代化发展进程中面临的资源绿色高效投入增加、农业生产效率提高、农村劳动力不断转移、农业机械化和智能化高质量发展等需求和挑战，急需有利于实现农业可持续发展的解决方案。信息化新技术与农业交叉渗透，促进了现代农业向智慧农业的转变。智慧农业的研究和应用快速发展，传感设备朝着低成本、自适应、高可靠和微功耗的方向发展，未来传感网也将逐渐具备分布式、多协议兼容、自组织和高通量等功能特征，实现信息采集处理实时、准确、高效和智能，各领域知识库、模型库、推理分析机制系统融合，进行智能精准监测、预测，并提供智能控制和决策管理。生物技术、种养工艺、信息技术和智能化的农业装备与设施将充分融合，成为现代农业发展的必然趋势。

八、人民营养与健康需求升级，需要强化农产品加工科技支撑能力

农产品加工业既与农业密不可分，又与工商业紧密相连。根据国家统计局数据，2023 年全国农业及相关产业增加值为 19.85 万亿元，占全国 GDP 的 15.34%[①]。已成为国民经济发展的第一大支柱和基础产业。农产品加工是一个复杂的过程，各个环节均要求技术和设备的高新化。与国际先进水平相比，我国农产品加工领域的重大共性关键技术与核心成套装备制造相对落后，特别是在新型加工、精深制造、智能控制、高效利用、综合转化和低碳生产等技术领域的研究开发仍相

① 2023 年全国农业及相关产业增加值占 GDP 比重为 15.34%. https://www.stats.gov.cn/zwfwck/sjfb/202412/t20241230_1957936.html[2024-12-30].

对迟缓，科技创新能力低、基础研究薄弱等问题日益显现，制约行业发展的各种“卡脖子”关键技术问题不断出现。因此，亟须依靠科技创新驱动，开发高效利用、节能减排和绿色低碳的新技术、新工艺和新装备，在农产品质量与安全主动防控、生鲜农产品绿色防腐保鲜、农产品生物加工与综合利用、农产品智能化和智慧化加工、农产品（食品）营养与人类健康等方面加速产业生产方式的根本转变，加强农业全产业链的源头控制，实现我国农业快速、健康和可持续发展。

九、农业生态环境问题依然严峻，需要持续创新农业资源环境工程技术

绿色高质量发展已成为我国农业发展的主旋律。目前，我国农业发展面临着资源高消耗和过度利用、生态退化、环境污染等严峻问题，水土资源紧缺与过度利用仍是我国农业发展的重大瓶颈问题。2020 年完成的第三次全国国土调查数据显示，我国耕地面积为 19.18 亿亩，占比不到世界总量的 9%。《中国农业绿色发展报告 2023》显示，2022 年我国农用化肥施用量为 5079 万 t，约占世界化肥施用总量的 1/3，水稻、小麦、玉米三大粮食作物的化肥利用率仅为 41.3%，农作物每公顷化肥用量为 298.8kg，远高于每公顷 120kg 的世界平均水平。2015 年发布的《中国耕地地球化学调查报告》显示，我国中-重度污染土地面积达 3488 万 hm^2。到 2040 年，我国人民生活水平将大幅提升，对绿色健康农产品及优质生态环境质量的需求将迅猛增长。亟须研发新型肥料、新型农药产品，以及精准化智能施用装备技术、农业废弃物资源化转化与清洁化利用技术、土壤肥力与健康保育技术、农业生物多样性利用与综合调控技术、作物生命需水过程控制与生理调控技术、增蓄降耗高水效农艺技术、高效节水灌溉技术与产品、智慧灌区及农业水管理决策技术与产品、现代种养循环关键技术体系等。在人口数量大与美好生活需要增长的压力下，我国人口与资源环境承载能力将在一段时期内处于紧平衡状态，亟待通过科技创新推动

农业资源与环境工程技术持续发展。

十、建设农业科技强国任重道远，需要加强农业科技平台体系与人才队伍建设

2018 年 5 月 28 日，习近平在中国科学院第十九次院士大会、中国工程院第十四次院士大会上的讲话中指出："实践反复告诉我们，关键核心技术是要不来、买不来、讨不来的。只有把关键核心技术掌握在自己手中，才能从根本上保障国家经济安全、国防安全和其他安全。"农业科学基础研究的重大进展，是驱动农业科技创新的原动力，是我国农业科技抢占世界制高点、实现高水平自立自强的坚实基础。农业科技创新离不开良好的基础平台、长期的数据积累和完善的驱动机制。目前，我国农业科技条件能力和平台建设得到了快速发展，但是与日益活跃的科技创新活动需求相比，仍然存在较大差距。全国重点实验室、种质资源保存库、野外试验台站的数量明显不足，布局仍需优化，成果转化、科技推广与服务体系亟须完善。人才是创新的第一资源，不断扩大农业领域人才队伍规模，努力提升人才队伍素质能力，优化人才队伍结构，创新体制机制，完善支持政策，优化发展环境，全方位培养、引进、用好人才，为全面推进乡村振兴、加快农业农村现代化和建设农业强国提供有力支撑。

第三节　2040 年中国农业领域经济社会与科技发展愿景

从现在到 2040 年是我国加快农业强国建设的关键阶段，中国式农业农村现代化建设将迈上新的台阶，粮食综合生产能力、农业产业化水平、农业科技自主创新能力及农业可持续发展能力将显著提升，

为 2050 年实现农业强国全面建成战略目标奠定坚实基础，具体愿景如下。

一、愿景一：粮食及主要农产品供给实现自主可控

（一）愿景目标

科技创新与集成应用成为全方面夯实国家粮食安全根基的核心支撑，在粮食刚性需求总量大和消费结构多样化的背景下，形成了具有中国特色的大食物安全科技保障体系，实现农产品更安全、更营养、更健康、更绿色的生产方式，有效满足人民生活水平提高的多样化农产品消费需求，确保中国粮食安全自主可控。预计到 2040 年农作物良种化率达到 98%以上，粮食单产年增长率保持在 1%以上，粮食产能稳定在 7 亿 t 以上，谷物自给率达到 95%以上，粮食人均占有量超过 500kg，我国跻身世界发达国家平均水平行列。

（二）科技需求

1. 生物育种技术

根据农业农村部相关数据，当前我国粮食作物大面积的实际产量仅实现了高产品种产量潜力的 50%左右①。我国主要粮食作物实际单产仅为品种区试产量的 50%—80%②。例如我国小麦单产为德国的 87%③，玉米单产为美国的 59%④，大豆单产为美国的 58%⑤。到 2040

① 粮食发展有关问题调查分析——农业部深入学习实践科学发展观调研成果摘要（一）. http://www.moa.gov.cn/ztzl/kxfzg/jyjl/200903/t20090303_1228390.htm[2009-02-26].

② 农业部举行“切实抓好粮食生产保障国家粮食安全”新闻发布会. https://www.moa.gov.cn/ztzl/2012ql_1/gzbs/201401/t20140126_3749860.htm[2014-1-26].

③ 2024 年德国玉米产量创下五年来最高水平. https://m.feedtrade.com.cn/nav/8/1453/2191380#/[2024-10-25]；国家统计局关于 2024 年夏粮产量数据的公告. https://www.gov.cn/lianbo/bumen/202407/content_6962678.htm[2024-07-12].

④ 2024 年全国粮食播种面积、亩产、总产均实现增长——进一步夯实了国家粮食安全根基. https://www.gov.cn/lianbo/bumen/202412/content_6992560.htm[2024-12-14]；美国玉米一亩产多少斤？https://news.cnhnb.com/rdzx/detail/464407/[2024-12-17].

⑤ 国家统计局解读粮食生产情况。https://www.gov.cn/lianbo/bumen/202412/content_6992485.htm[2024-12-13]；美国农业部大幅调低美国大豆单产和产量预期. https://m.feedtrade.com.cn/article/index?classid=68&id=2079405#/[2024-11-11].

年前，我国亟须聚焦培育国家最紧迫、最急需、潜力最大的引领性重大战略性新品种，实现种源自主可控，支撑确保粮食生产能力。

2. 良种良法融合技术

我国大面积粮食实际单产水平与新品种审定区试的单产水平差距一般在50%左右。产量差距就是技术潜力。今后要坚持良种良法并举策略，改变目前“重品种、轻栽培”的状况，以缩小产量差为目标导向，重点强化与新品种相配套的集成化、系统化、精准化栽培种植技术体系的规模化、标准化场景应用。

3. 生态低碳生产技术

高度集约化的粮食生产体系也会给我国水土资源、区域生态、生物多样性、食品安全等方面带来诸多风险和突出问题，必须坚持绿色低碳发展战略要求，采取综合措施，优化、转型常规集约高产路径，努力实现高产与减碳增汇协调统一。

二、愿景二：农业生产基本实现绿色低碳发展

（一）愿景目标

坚守18亿亩耕地红线，有序实现将永久基本农田建设成为高标准农田，耕地质量提升一个等级，产能提升100kg的目标；优化水资源空间分布，协同降水、地表水和地下水资源利用，实现高水效能提升；实施化肥和农药“双减”行动，提升农业对实现“双碳”目标的贡献度，提高林草生态资源综合利用效率。

（二）科技需求

亟须构建耕地数量空天地一体化智慧化监控技术、耕地健康评价技术、耕地等级与产能综合生态修复与提升技术、水土资源高效协同技术、水肥高效利用技术、有机废弃物资源化利用及农膜回收利用技术、面源污染及重金属防控技术、农业防灾减灾工程技术、农业灾害

动态监测预警技术、气候变化观测方法和技术体系、林草资源高效利用与保护技术、农业低碳固碳技术体系。

三、愿景三：农业物质装备基本实现智能化与现代化

（一）愿景目标

原创性引领性技术创新能力大幅跃升，关键核心技术自主可控，主导装备绿色智能，构建形成新一代农业装备与设施技术产品体系，以高端农业装备为引领的产业发展格局基本形成；产业规模稳居世界首位，产业基础高端化、产业链现代化，产业链、供应链实现现代化且形成未来发展引领能力，使我国进入世界强国前列；农业生产基本实现高质高效全程全面机械化、作业管理智慧化，走出一条中国式农业机械化、智能化发展道路，为保障国家粮食安全、树立大食物观、全面推进乡村振兴提供高水平的科技供给。

（二）科技需求

围绕现代农业发展需求，面向农业物质装备高效化、智能化、网联化、绿色化发展趋势，聚焦“增强基础、增加品种、提升水平、完善功能、拓展领域”的目标，重点加强高效绿色农业机械化技术、农业装备智能设计及理论、智慧农业技术体系等基础前沿技术攻关，开展“育耕种管收贮运加”全链条精细化及自主智能作业装备研发及应用，形成自主可控的智能农业装备体系，发展大田智能生产、工厂化种养等智慧农业新产业、新业态，不断提高土地产出率、劳动生产率、资源利用率和农业综合生产能力。

四、愿景四：现代农业产业实现高质量发展

（一）愿景目标

1）农产品高效安全加工体系全面建成，农产品加工业跨入营养健

康新时代，实现提高食品安全、加强国民营养和健康的目的。

2）现代化农产品流通贮藏体系基本建成，农产品冷链物流应用更加广泛，全程温控等未来更加先进的冷链物流技术将会有更加广阔的应用空间，农产品流通标准将更加系统，执行将更加严格。

3）农旅融合进一步深入，产业效益大幅提升，基本形成产业链条完整、功能多样、业态丰富、利益联结紧密、产城融合更加协调的新格局，农业竞争力明显提高，农民收入持续增加，农村活力显著增强。

（二）科技需求

1. 高效安全加工技术

到2040年，食品营养健康产业伴随着我国农产品加工业的快速发展，将进入黄金时期。消费者对食品的需求朝着“方便、美味、可口、实惠、营养、安全、健康、个性化、多样性”的方向发展。需要在绿色、高效、节能加工关键技术及装备，农产品与食品质量安全工程技术，以及全产业链追溯与控制技术等方面加强研究与应用。

2. 农产品流通贮藏技术

到2040年，伴随着市场消费能力的提高，消费者对农产品的营养和风味的要求也会更高，这就对农产品流通过程中采用的加工技术和保鲜技术的应用有了更高的要求，因此我国需要在农产品贮藏保鲜工程技术、农产品仓储基础设施建设、农产品流通信息技术等方面加强研究与应用。

3. 农旅融合科技

到2040年，农旅融合科技实现全域智能，田园成为智慧乐园，农产品产销精准，共筑富美乡村。现阶段农村三大产业融合发展的总体水平明显提升，但距离实现现代化农村的目标还有一定差距，亟须在农村环境生态改造、乡村旅游和民宿设施开发等方面加强科技创新。

五、愿景五：宜居宜业和美乡村基本建成

（一）愿景目标

到2040年，宜居宜业和美乡村基本建成，农村现代化基本实现。城乡产业融合的乡村振兴目标基本实现，生态宜居的美丽乡村基本实现，乡村治理体系和治理能力现代化基本实现，创新驱动乡村振兴发展取得决定性进展。包含农村文化、治理、民生、生态等方面在内的乡村发展水平整体性提升。农村生产生活全方位向智慧化转变，万物互联的现代农村科技支撑体系基本形成。到2040年，乡村数字经济加速发展，农业生产信息化水平稳步提升，城乡“数字鸿沟”大幅缩小，农民数字化素养显著提升，城乡基本公共服务均等化基本实现。

（二）科技需求

1. 乡村生活空间规划、设计与建设关键技术

当前农村生活条件已有很大改善，但距离基本具备现代生活条件的要求还有一定差距，农村道路、供水、能源、通信等公共基础设施还不健全。到2040年，伴随数字经济的发展，农民期待生活更加现代化、科技化和智能化，这要求农村有完善的基础设施和公共服务设施，具备现代化生活条件，因此需要在乡村生态住宅设计与建设技术、乡村生活智能调控技术、乡村交通和智慧物流设计技术、智能公共服务设施设计与建设技术、现代化村镇智慧治理技术等方面加强研究与应用。

2. 乡村生态空间治理和污染防治关键技术

到2040年，农民生活更加富裕，同时对生活环境也有了更高的期望，对人与自然和谐相处有了更高的要求，乡村需要更美，更加生态宜居，厕所和垃圾污水处理、村容村貌等人居环境条件还需持续改善，因此需要加强对农村废弃物处理和污染物治理技术、“山水林田湖

草”生命共同体系统治理工程技术、农村新能源和电力设施建设工程技术等方面的研究与应用。

3. 现代乡村产业融合、产居融合关键技术

当前越来越多农民选择离土不离乡，2022 年我国有 55%左右的农民工在县域内就业①。到 2040 年，农村需要提供更多就近、稳定的就业岗位，吸引各类人才留乡返乡入乡就业创业，乡村将实现产业融合发展、产居融合发展，农民收入更加稳定，乡村发展更具活力，因此需要在农村平台建设融合技术、农村新业态融合发展技术、多元需求的产居融合及功能优化配置技术等方面加强研究与应用。

① 国务院新闻办就 2022 年上半年农业农村经济运行情况举行发布会. https://www.gov.cn/xinwen/2022-07/20/content_5701889.htm[2024-12-01].

第三章　中国农业领域工程科技技术预见与发展能力分析

第一节　中国农业领域工程科技 2040 技术预见

技术预见是将技术发展放在经济社会大系统中，对未来较长时期技术发展趋势的预测与选择。农业领域技术预见工作的总体目标是：把握世界农业领域工程科技发展趋势，根据我国 2040 年经济和社会发展的实际需求，提出农业领域工程科技的重点发展领域，并对 2040 年我国农业领域工程科技的能力水平进行预判，为研究提出农业领域工程科技发展的未来发展路径提供依据和支撑（“中国工程科技 2035 发展战略研究”农业领域课题组，2017）。

一、技术预见方法

研究的主要方法是问卷调查，通过广泛征集专家意见、汇聚专家智慧，对未来重点技术方向进行选择判断。调查方法主要采用德尔菲法（Delphi method）。调查问卷面向院士、相关领域专家、政府人员、企业界人士等群体发放，搜集各界人士对技术清单中所列技术项目的全方位评价。基于对问卷调查结果的统计和分析，进一步筛选提炼出未来农业领域工程科技发展的重点领域、关键技术和重大技术群，为 2040 年农业领域工程科技发展战略的制定提供支撑。问卷调查采用网上在线填报和纸质问卷填报两种方式。

二、技术预见过程

2022 年，开展了第一轮德尔菲法调查，农业领域共设立 10 个子领域，均由中国工程院农业学部研究提出，其中“粮食安全”子领域 5 个技术方向、“畜牧工程”子领域 8 个技术方向、“水产工程”子领域 5 个技术方向、“动物疫病”子领域 4 个技术方向、“园艺工程”子领域 7 个技术方向、“林草业与生态”子领域 7 个技术方向、“农业工程”子领域 10 个技术方向、“农产品贮藏与加工”子领域 13 个技术方向、“农业资源环境”子领域 7 个技术方向、“农村现代化”子领域 6 个技术方向，共 72 个技术方向。截至 2022 年 7 月 21 日，邀请人数 990 人，填报人数 317 人，专家参与度为 32%。共回收问卷 2100 份，平均每项技术约有 29 位专家作答，1/3 的技术项的作答人数超过 50 人。

基于第一轮技术预见调查结果，农业领域组织了调查结果分析、专家研讨，对技术清单进行了进一步论证。2022 年 9 月 27 日，各专题组分别组织各子领域的院士、专家进行了研讨，并于会后进一步进行研究，于 2022 年 11 月底确定农业领域第二轮技术预见调查的技术清单；2022 年 12 月初，各专题组进一步修改确认整理后的第二轮技术预见清单。根据以上三次研讨论证，研究提出了农业领域第二轮备选技术清单。

农业领域第二轮技术清单的调整基于以下几个原则：①各子领域清单数目原则上不超过第一轮；②基于第一轮调查结果剔除部分重要性靠后或实现时间较近的技术；③平衡各子领域的颗粒度，对颗粒度较小的题目进行合并；④修改技术名称及清单描述以使表达更准确。

第二轮技术预见备选技术方向共 84 个，其中“粮食安全”子领域 5 个技术方向、“畜牧工程”子领域 9 个技术方向、“水产工程”子领域 7 个技术方向、“动物疫病”子领域 4 个技术方向、“园艺工程”子领域 14 个技术方向、“林草业与生态”子领域 7 个技术方向、“农业工程”子领域 10 个技术方向、“农产品贮藏与加工”子领域 12 个技术方向、“农业资源环境”子领域 8 个技术方向、“农村现代化”子领域 8 个技术方向（表 3-1）。截至 2022 年 11 月 16 日，问卷调查邀请人数 1272 人，填报人数 296 人，专家参与度为 23%。共回收问卷 1978

份，平均每个技术方向约有 24 位专家作答，1/3 的技术作答人数超过 30 人。

表 3-1　农业领域技术预见第二轮清单

子领域	序号	技术方向
粮食安全	1	农作物有害生物智慧防控技术
	2	作物高产高效综合技术体系与智能化管理系统
	3	农业碳中和适应性技术
	4	粮食作物分子育种
	5	棉花转外源基因多抗育种
畜牧工程	6	饲用大豆玉米减量替代与生物制造
	7	基于常规及基因组大数据的畜禽设计育种技术
	8	基于实时监测与动态需要的精准营养与饲喂技术
	9	基于智能设施的信息化养殖技术
	10	动物干细胞育种技术
	11	精准营养与饲养的种养循环绿色养殖技术
	12	饲用抗生素替代技术与产品创制
	13	饲料营养和畜产品质量安全快速检测与风险评估技术
	14	饲料污染物的绿色生物防控技术
水产工程	15	现代水产分子育种技术
	16	水产品高值化利用技术
	17	极地海洋与远洋渔业资源勘采技术
	18	循环水养殖工程装备与关键技术
	19	深水高效养殖设施与关键技术
	20	水产生物高通量表型性状测定技术
	21	水产动物重要疾病绿色精准防控技术
动物疫病	22	动物用新型生物制剂创制及关键生产工艺技术
	23	重要动物疫病和新发病的诊断、监测预警、控制与消除技术
	24	重要动物外来疫病与人兽共患病防控技术
	25	新兽药创制及关键生产工艺技术
园艺工程	26	园艺作物产品品质形成与调控
	27	园艺作物生长发育与逆境障碍调控
	28	设施环境及园艺作物生长发育模拟模型
	29	植物工厂园艺作物高效栽培
	30	园艺作物分子设计育种
	31	园艺作物遗传转化体系构建与优化的生物学基础

续表

子领域	序号	技术方向
园艺工程	32	园艺作物砧木资源高效利用与砧穗互作机制
	33	园艺产品采后保鲜与储运技术
	34	现代化高光效日光温室高效节能减碳设计的基础理论与技术研究
	35	园艺作物单细胞基因分析技术
	36	园艺作物基因资源挖掘与突破性种质创制
	37	园艺作物产品功能价值挖掘与低碳、环保和安全深加工技术研究
	38	高效的园艺作物智能机械组装和研发
	39	园艺作物根际土壤微生物多样性研究与结构分析
林草业与生态	40	林草品质性状响应气候变化基础及定向调控机制
	41	林木表型组高通量大数据提取与分析技术
	42	森林多尺度适应性经营与生产力提升技术
	43	木制品智能联控制造技术
	44	林木生物质全组分高效分离和绿色重组技术
	45	森林生态系统多功能协同提升技术
	46	草原生态修复与生产力协调提升技术
农业工程	47	基于北斗卫星定位的智能农机装备关键技术
	48	无人农场关键技术与装备
	49	农业高效用水理论与设备研发
	50	农业生态调控与修复技术
	51	基于人工智能的农业水肥药精准管理技术
	52	智能植物工厂技术
	53	智慧化养殖装备与技术
	54	农业废弃生物质资源化利用技术
	55	动植物对话技术
	56	农业智慧大脑技术
农产品贮藏与加工	57	农产品新资源、新材料开发技术
	58	农产品活性因子的生物转化与精准调控技术
	59	特用酶制剂高效表达和应用关键技术
	60	农产品细胞工厂技术和基因编辑
	61	农产品多维品质评价技术
	62	中国酿造发酵食品现代化制造和智能升级关键技术
	63	预制菜加工现代化和个性化制作关键技术
	64	现代食品工程化核心装备开发与制造技术

续表

子领域	序号	技术方向
农产品贮藏与加工	65	食品-生物基材料制备关键技术
	66	食品原料危害因子的形成、变化与控制技术
	67	食品质量安全预警追溯关键技术及智能云平台开发
	68	食品原料高值化与精准营养化加工关键技术
农业资源环境	69	绿色智能肥料创制
	70	气候变化背景下的农业生产生态应对
	71	新兴污染物高效降解修复技术
	72	水体营养回收及高值利用
	73	常温常压合成氨技术
	74	基于基因编辑技术的土壤重金属污染清除技术
	75	土壤微生物组定向调控技术
	76	耕地质量动态变化的多源遥感监测技术
农村现代化	77	农业农村大数据挖掘与利用技术
	78	现代乡村产居融合、产业融合发展技术
	79	农村基础设施和公共服务支撑关键技术
	80	智慧村镇建设、规划与管理技术
	81	乡村生态空间优化与景观功能提升技术
	82	乡村对外交通和智能物流设计技术
	83	村镇地区突发公共安全事件链监测预警与应急响应技术
	84	乡村“三生”空间多目标协同、规划与综合治理技术

第二节　中国农业领域工程科技技术预见结果分析

一、重要技术方向分析

（一）综合重要性指数排名前10的技术方向

利用第二轮调查数据与农业领域专家研判，综合“技术核心重要性”和“技术应用重要性”两方面，计算得到综合重要性指数，以此为基础，得出农业领域中各子领域中综合重要性指数排名前10的技术方向（表3-2）。

表 3-2　农业领域综合重要性指数排名前 10 的技术方向

子领域	技术方向	综合重要性指数	研发水平指数	技术领先经济体		主要制约因素	
				第一位	第二位	第一位	第二位
粮食安全	粮食作物分子育种	92.39	38.78	美国	无	人才	投入
畜牧工程	基于常规及基因组大数据的畜禽设计育种技术	91.17	40.91	美国	欧盟	人才	投入
水产工程	现代水产分子育种技术	89.81	52.44	美国	中国	投入	人才
动物疫病	重要动物外来疫病与人兽共患病防控技术	97.80	44.12	美国	欧盟	人才	法律
园艺工程	园艺作物基因资源挖掘与突破性种质创制	94.96	42.21	美国	欧盟	人才	投入
林草业与生态	林草品质性状响应气候变化基础及定向调控机制	93.49	36.96	美国	欧盟	人才	投入
农业工程	基于北斗卫星定位的智能农机装备关键技术	92.22	50.59	美国	欧盟	人才	投入
农产品贮藏与加工	食品-生物基材料制备关键技术	96.07	14.95	美国	欧盟	投入	人才
农业资源环境	土壤微生物组定向调控技术	83.12	38.33	美国	欧盟	人才	投入
农村现代化	智慧村镇建设、规划与管理技术	88.74	5.41	欧盟	美国	人才	投入

（二）共性技术方向

基于第二轮调查数据与农业领域专家研判，综合技术通用性指数、技术应用重要性指数，计算得到共性技术重要性指数。以此为基础，得出农业领域中各子领域中共性技术重要性指数排名前 10 的技术方向（表 3-3）。

表 3-3　农业领域共性技术重要性指数排名前 10 的技术方向

子领域	技术方向	共性技术重要性指数	研发水平指数	技术领先经济体		主要制约因素	
				第一位	第二位	第一位	第二位
粮食安全	粮食作物分子育种	94.39	38.78	美国	无	人才	投入
畜牧工程	饲用大豆玉米减量替代与生物制造	92.36	50.00	欧盟	美国	人才	投入
水产工程	现代水产分子育种技术	79.37	52.44	美国	中国	投入	人才
动物疫病	重要动物疫病和新发病的诊断、监测预警、控制与消除技术	95.52	45.31	美国	欧盟	人才	投入

续表

子领域	技术方向	共性技术重要性指数	研发水平指数	技术领先经济体		主要制约因素	
				第一位	第二位	第一位	第二位
园艺工程	园艺作物基因资源挖掘与突破性种质创制	92.28	42.21	美国	欧盟	人才	投入
林草业与生态	林木生物质全组分高效分离和绿色重组技术	93.35	47.78	美国	欧盟	投入	人才
农业工程	基于北斗卫星定位的智能农机装备关键技术	89.17	50.59	美国	欧盟	人才	投入
农产品贮藏与加工	现代食品工程化核心装备开发与制造技术	93.12	42.71	欧盟	美国	人才	投入
农业资源环境	绿色智能肥料创制	80.13	35.37	欧盟	美国	人才	投入
农村现代化	农村基础设施和公共服务支撑关键技术	86.86	17.57	欧盟	日本	人才	投入

（三）颠覆性技术方向

1. 动物干细胞育种技术

（1）技术定义

动物干细胞育种是基于干细胞分离培养和干细胞向配子定向诱导分化技术提出的革命性家畜育种技术体系。这一体系选育过程不依赖于个体的出生和发育，完全在体外完成世代循环，突破传统大家畜面临的育种时间、空间和材料的限制，完全在实验室体外条件下实现家畜多世代选种与选配，替代传统育种中动物的个体选种与选配。动物干细胞育种可以将育种选择周期从2—3年缩短至1—2个月，动物干细胞育种技术极显著地缩短了世代间隔。同时，动物干细胞育种技术还可避免大部分动物活体饲养以及性能测定工作，从而极大地提高育种效率，并节约育种成本，实现动物种业技术的根本性变革。

（2）需突破的关键技术点

自1981年以来，人类先后从胚胎中成功分离了小鼠、猴以及人类的胚胎干细胞系，而猪、牛、羊等家畜的胚胎干细胞系尚未获得。因此，围绕建立家畜干细胞系、干细胞的特异定向分化、多细胞干细胞编辑文库等是今后研究的重要方向。

1）畜禽干细胞建系及向功能性配子分化技术研究：利用基因编辑等技术开展全基因组筛选及小分子/细胞因子筛选等技术，揭示畜禽干细胞多能性维持及配子分化的分子调控网络，建立稳定的具有生殖系嵌合能力的畜禽干细胞系，优化配子分化体系，实现畜禽干细胞向功能性配子的体外诱导分化；开发高质量及稳定的猪和牛胚胎干细胞分离、培养和建系技术；研究猪和牛胚胎干细胞配子诱导分化技术；利用模式动物，组装形成完整的“胚胎—干细胞—胚胎”工程化育种循环体系，提高干细胞诱导配子的质量和体外受精后的胚胎发育潜能。

2）畜禽体外胚胎生产技术研究：优化畜禽配子体外成熟、体外受精等方法，建立高效体外受精技术；模拟体内胚胎发育条件，从气体环境、三维基质、培养基成分等方面优化畜禽体外胚胎培养体系；结合形态学的人工智能识别算法，实现体外胚胎质量和发育潜力的准确、高效评价及预测。

3）畜禽体外胚胎全基因组选择技术研究：开发胚胎细胞显微低损取样技术，建立畜禽单细胞和微量细胞基因组高保真扩增技术，优化单细胞全基因组扩增产物高通量测序技术和分析流程，结合胚胎发育关键基因突变及染色体畸变筛查，建立高效、低损、准确的体外胚胎全基因组选择技术体系。

4）建立家畜干细胞转化医学平台：阐明猪等大型动物作为人类再生医学模型的安全性和可行性，进一步探索高效异种嵌合（如人猪嵌合）机制，制备人源化异体器官，实现人源化器官移植的临床应用。

（3）技术的重要意义

由于干细胞具有无限增殖、个体发育的多能性和种系传递功能，因此，干细胞在家畜育种、高效繁殖及资源保存中具有广阔的前景，未来有望成为家畜育种与繁殖领域的颠覆性技术。动物干细胞的基础研究，尤其是小鼠研究的成果，为揭示组织器官形成、个体发育机制提供了良好的理论依据。动物（尤其是大家畜）干细胞技术的发展和完善对未来临床医学和家畜育种及资源保存具有重要意义。

（4）促进未来战略性新兴产业发展的愿景

随着家畜干细胞系以及定向分化技术的发明，特别是干细胞经过分化形成精子、卵子，通过体外受精技术和全基因组选择育种技术，实现家畜的试管育种，未来将实现家畜育种技术的革命，形成一个全新的家畜种业产业（图 3-1）。此外，干细胞技术与基因编辑技术的结合将加速疾病动物模型的制备，以及未来人源化异体器官的研究与临床试验，将大大拓展传统畜牧业的发展空间。家畜干细胞系的建立及应用将开辟和建立一个全新的领域，具有重大的科学价值和产业价值。

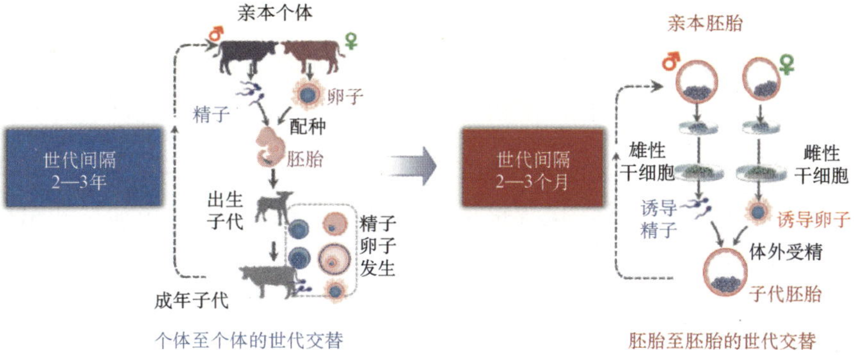

图 3-1　动物干细胞育种原型图

资料来源：Hou 等（2018）

2. 高光效作物

（1）技术定义

光呼吸的强弱常用 CO_2 补偿点的高低表示。光呼吸强度高，CO_2 补偿点也较高，光合作用强度则较低，光合效能就较低；反之则光合效能较高。应综合利用生物技术、基因工程、分子育种等各种技术手段，将低光效植物改造成高光效植物，或从低光效植物中筛选出 CO_2 补偿点低或较低的个别植株或品系，从而培育成高光效作物新品种（Long et al.，2015）。

（2）需突破的关键技术点

优化光能的吸收、传递和转化效率，包括优化捕光天线系统、提高电子在光合膜上的传递效率和转化效率等。

提高光合碳同化效率的方式包括提高核酮糖-1,5-二磷酸羧化酶/加氧酶（ribulose-1,5-bisphosphate carboxylase/oxygenase，Rubisco）的含量和活化水平，改良Rubisco的催化特性（da Fonseca-Pereira et al.，2022）；通过引入C4光合作用途径并抑制光呼吸过程，构建高效的碳浓缩机制；重构光呼吸代谢途径，将其在线粒体中的CO_2部分分流至叶绿体中释放，降低光呼吸碳损耗（史梦琳等，2022）。

（3）技术的重要意义

目前自然界中作物光能利用率不高，一般不会超过1%，距理论效率值（5%—6%）还有很大的提升空间，因此通过对光合作用的回路进行重新设计与系统优化，重构作物光合系统，对卡尔文循环进行改造（张立新等，2017），增加叶绿体中的CO_2浓度，降低光呼吸，开发光合循环优化育种技术，提升粮食单产潜力，是继“绿色革命”和杂种优势后的革命性、颠覆性技术。

（4）促进未来战略性新兴产业发展的愿景

高光效作物的发展与应用，将大幅加快我国农作物产量遗传改良新品种的培育速度，带动种业产业的飞速发展，增强我国种业产业的核心竞争力（图3-2）。微生物多样性叶际生态系统研究将为我国未来的种业产业发展开辟新的方向，提高细菌、真菌、藻类等的光合效率（Long et al.，2016），对于现代植物产业生产以及保护、修复生态环境有显著作用，进一步为提高植物光效、解决粮食问题提供强大的推动力。

3. 高效生物固氮

（1）技术定义

在自然界中，某些原核微生物能将空气中的氮素转化为氨，这一

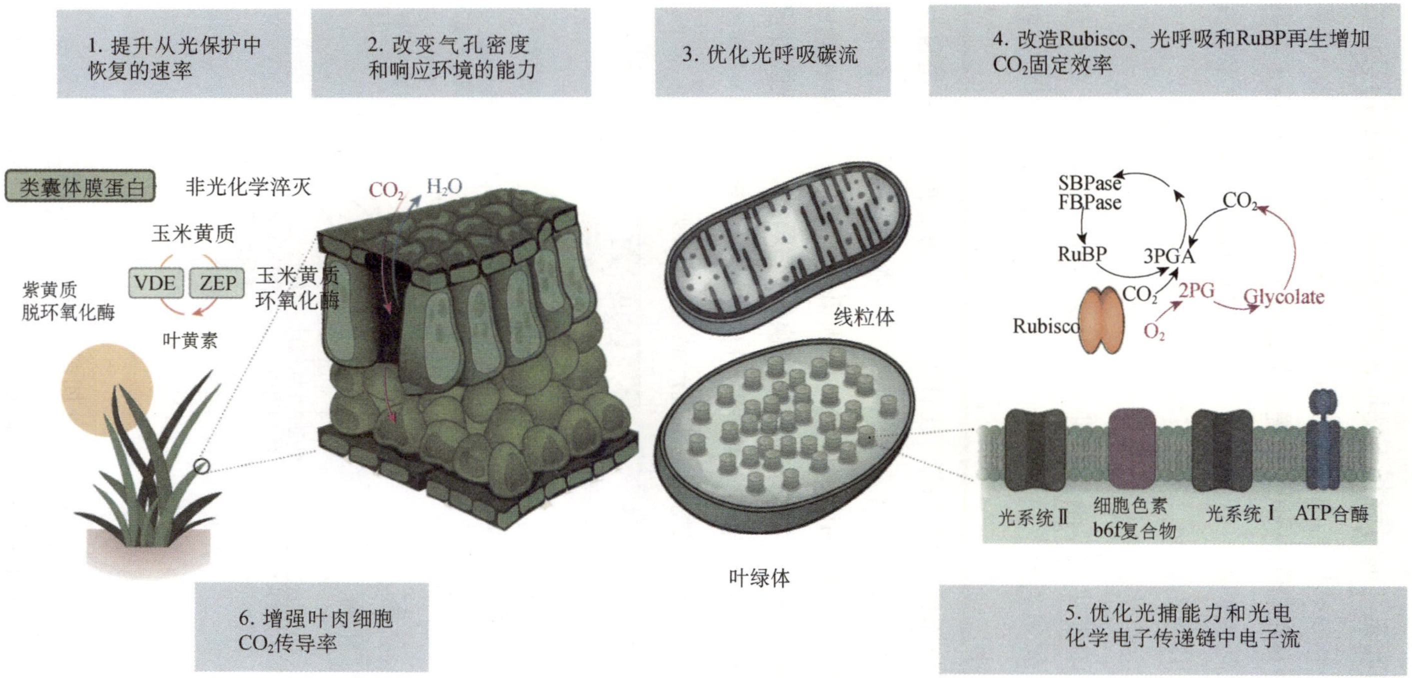

图 3-2 高光效作物机理图

资料来源：改自 Baily-Serres（2019）

SBPase：景天庚酮糖-1,7-二磷酸酶；FBPase：果糖-1,6-二磷酸酶；RuBP：核酮糖-1,5-二磷酸；3PGA：3-磷酸甘油酸；CO_2：二氧化碳；2PG：2-磷酸甘油酸；Glycolate：乙醇酸；Rubisco：核酮糖-1,5-二磷酸羧化酶/加氧酶

过程称为生物固氮。通过解析天然固氮微生物的生物学基础及调控网络，人工设计低能耗固氮酶及标准通用的最小固氮酶基因簇，在固氮菌与植物细胞器底盘筛选电子传递、氧保护和代谢协同模块，搭建低能耗人工固氮基因回路，提升共生与联合固氮体系的固氮效率，探索创建自主固氮植物（Good，2018；Rogers and Oldroyd，2014）。

（2）需突破的关键技术点

根据固氮酶催化效率低、铵抑制、氧失活及固氮产物无法分泌胞外等限制，开展相关理论研究和设计原理探索，人工设计固氮元件、模块和代谢线路。

针对固氮体系的天然缺陷，设计人工固氮酶，提高固氮酶催化活性；在固氮菌与植物细胞器表达低能耗人工固氮酶，搭建电子传递、氧分压调控、代谢网络高效协同的人工固氮基因回路；开展固氮菌与植物细胞器耐铵泌铵和植物氮高效利用模块偶联、人工高效固氮及其相关抗逆基因线路集成研究（Shang et al.，2021），创建人工抗逆高效固氮体系，研发新一代生物固氮概念产品（图 3-3）。

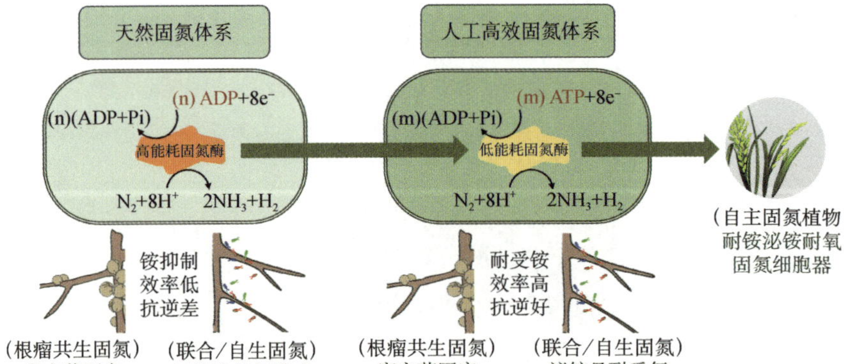

图 3-3　高效生物固氮机理图

资料来源：改自 Yang 等（2017）

（3）技术的重要意义

不合理的氮肥施用带来了严重的环境污染和食品安全威胁等全球性问题，中国是世界上最大的氮肥生产和使用国，在占全世界总量 7%

的耕地上消耗了全世界30%以上的氮肥（Zhang et al.，2013）。利用生物固氮部分或完全替代化学氮肥，在农业生产中不仅能节肥节能，同时还能增产增效，对于颠覆传统农业中依赖氮肥的生产方式、保障全球粮食安全和生态安全具有重要意义（燕永亮等，2021；喻其林等，2023）。

（4）促进未来战略性新兴产业发展的愿景

地球上每年通过生物固氮固定的氮素量可达2亿t，约占全球作物需氮量的3/4（Galloway et al.，2004）。因此，生物固氮又被称为“空气炼金术”或“空气面包术”。人工高效生物固氮技术具有绿色环保、节能减排等优点，生物固氮增汇肥料技术已被列入我国“碳中和技术路线图”，其农业应用将为我国农业绿色高质量发展和“碳中和”目标的实现发挥重要支撑作用（林敏，2021），也将为现代农业提供节能低碳、生态友好的生物供氮途径，这将完全颠覆我国过度依赖化学氮肥的传统农业生产方式。

4. 蛋白饲料生物合成

（1）技术定义

蛋白饲料生物合成是指以合成生物技术为技术核心，实现一碳原料产品和新型氨基酸等蛋白饲料新产品的创制。合成生物技术主要包括能量代谢调控技术、基因动态调控技术、基因编辑与重组、高通量自动筛选进化等（李春，2020）；创建人工合成细胞工厂，利用CO_2、甲醇等一碳原料以及纤维素、玉米浆等低值可再生工农业副产物，高效合成新型菌体蛋白及新型饲用氨基酸及其衍生物（Acosta et al.，2020；Jach et al.，2022）。

（2）需突破的关键技术点

近年来，应用合成生物技术构建高产工程菌株生产新型氨基酸、利用一碳原料合成新型菌体蛋白、分子改造微生物实现纤维素低成本糖化和酵母蛋白高效生产是重要技术趋势（李寅，2022），未来必将成为颠覆性的蛋白生产模式，但目前仍存在微生物底盘菌代谢机制不清、目标产物和副产物同步合成、目标产物合成效率低等问题。

1）底盘细胞分子设计：借助京都基因和基因组数据库（Kyoto Encyclopedia of Genes and Genomes，KEGG）等对微生物菌种合成途径进行基因挖掘，并利用基因编辑技术，改造重要靶点基因，解决代谢物质流和能量流的定向分配问题，构建目标产物高产菌株。

2）多菌酶协同发酵底物适配优化：设计菌种复合体系，进行碳流和能量流的多组学分析，解析影响蛋白质合成的限速步骤，提高菌种复合体系菌体蛋白积累的能力和效率。

3）新型蛋白饲料生物制造与应用技术：基于构建的目标产物高产菌株，优化发酵等工艺技术，创制新型蛋白饲料产品，并通过净能/代谢能氨基酸平衡技术突破，构建新型蛋白饲料生物高效利用技术体系。

（3）技术的重要意义

蛋白饲料资源紧缺已成为我国养殖业发展的关键卡点。据农业农村部畜牧兽医局和中国饲料工业协会发布的《2023年全国饲料工业发展概况》，2023年我国工业饲料总产量为3.22亿t，因以玉米-豆粕型配方为主，饲用豆粕消耗量超过7000万t。我国饲用豆粕几乎完全依赖进口，2023年大豆进口量约为9940万t。饲料粮尤其是大豆对外依存度高，已成为影响我国整体粮食安全的风险因素。通过突破蛋白饲料生物合成技术的瓶颈，创制一批生物制造蛋白新产品（黄庆生，2023），大幅度提高非粮蛋白饲料优质化率，开辟我国蛋白饲料资源开发新途径，摆脱大豆及豆粕过度依赖进口的局面，对于我国实现饲料粮自主可控、保障国家粮食安全具有重要意义。

（4）促进未来战略性新兴产业的愿景

蛋白饲料生物合成技术的发展与应用，将大幅加快我国一碳原料菌体蛋白、新型氨基酸等产品的创制，促进畜牧业和饲料产业的快速发展，增强我国畜牧业和饲料产业的核心竞争力；通过开发 CO_2 利用菌株，将其潜在应用于工业碳捕集和利用领域，可实现以负碳排放形式合成蛋白质。此外，此类技术还具有不占用耕地、生产规模可迅速扩大等工业产品特点，与我国耕地不足的国情相匹配，极有可能彻底颠覆我国现有的蛋白生产模式。美国恺勒司（Calysta）公司的甲烷蛋白发展路线图如图3-4所示。

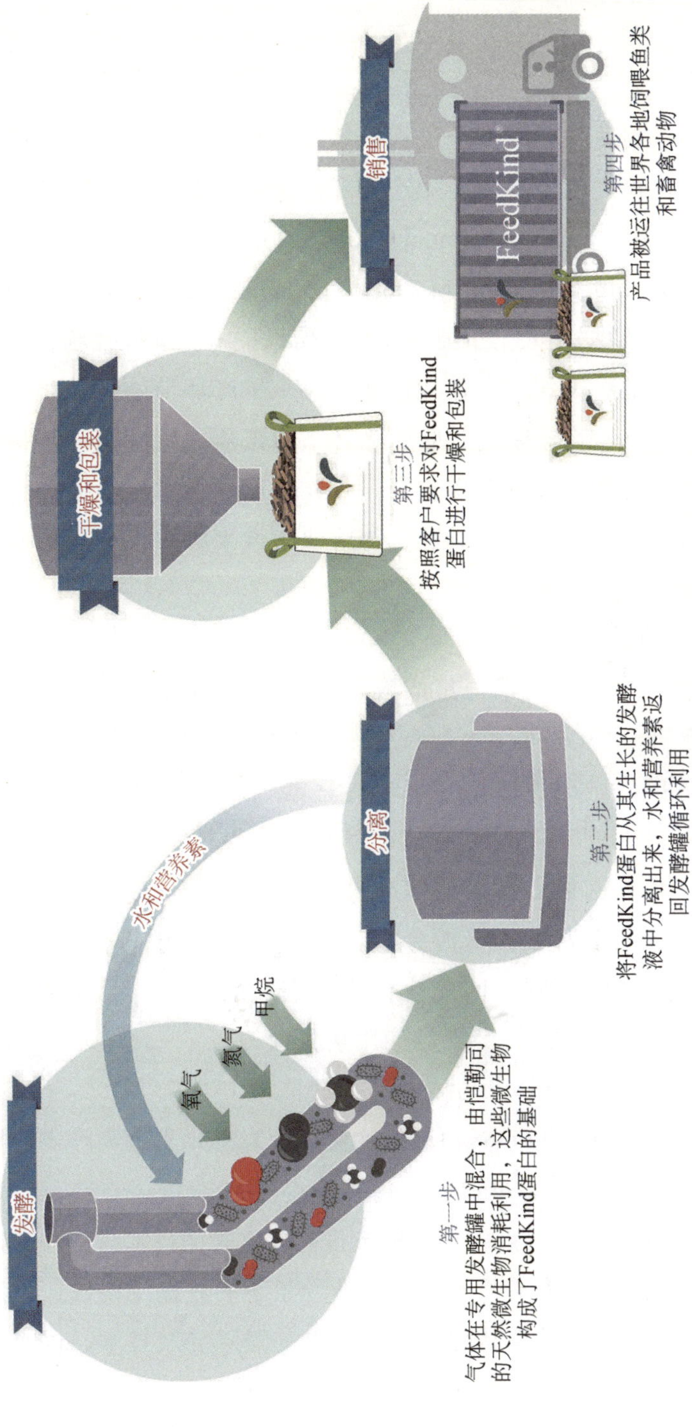

图 3-4　美国恺勒司公司的甲烷蛋白发展路线图

5. 智慧农场

（1）技术定义

智慧农场是实现农业生产全过程数字化感知、智能化决策、精准化作业和智慧化管理的全新农业生产方式，采用第四代移动通信技术（the 4th generation of mobile communications technology，4G）/第五代移动通信技术（the 5th generation of mobile communications technology，5G）、物联网、大数据和人工智能等新一代信息技术，远程控制各种智能农机，使之自主决策和自主作业，实现各个生产环节的智能化。智慧农场有5个特点，包括耕种管收生产环节全覆盖、机库田间转移作业全自动、自动避障异况停车保安全、作物生产过程实时全监控和智能决策无人精准作业。智慧农场建设为解决“谁来种田”和“如何种田”的问题提供了重要途径。

（2）需突破的关键技术点

我国智慧农场关键技术与集成应用刚起步，仍与国外有较大差距，主要表现在以下方面：一是农业专用传感器受制于人，高端产品严重依赖进口，进口占比达80%，传感器芯片进口占比达90%；二是智能农机自主创新能力不足，产品关键核心技术原创性重大突破少，重大装备关键核心技术对国外技术的依存度较高；三是智慧农场大数据和管控平台数据资源分散，数据统一标准与共享机制缺乏，数据模型普适性不强。因此，有待突破关键技术，形成智慧农场技术体系，实现规模化智慧农场应用场景建设。

未来需要攻关的关键科学与技术问题如下。

1）信息感知技术，重点解决动植物生产信息感知机理与技术，揭示作物生产信息感知机理，研制农业传感器。

2）智能装备技术，重点解决农机装备智能化关键技术与部件和控制系统，突破全地形、多遮挡和动态农业场景下的底盘结构设计与线控技术，多传感融合的地图构建、自主规划与避障导航技术，以及智能农机群体实时通信、自主协同和人机共融关键技术。

3）精准作业技术，重点解决大田作物生产的耕种管收和畜禽水产养殖的防疫、环控、饲喂和废弃物处理关键技术，设计融合先进农艺的作业装置、末端执行器和机械臂。

4）智慧管控技术，重点解决基于农业大数据的农业生产、管理与远程运维；突破农艺融合自主管理技术和农场生产全程智慧管理技术，构建智慧农场生产模式。

（3）技术的重要意义

随着城镇化进程的加快和农村大量劳动力进城务工，农村劳动力出现了季节性和结构性短缺，未来“谁来种地”和“怎样种地”已成为我国农业乃至世界农业面临的共同问题，智慧农场是解决这一问题的重要途径已成为国内外的共识。保障国家粮食安全，实现乡村振兴，突破关键技术，形成支撑现代农业发展的智慧农场技术体系，实现智慧农场规模化应用，引领智慧农场发展，为农业现代化注入新动能，着力推动我国农业高质量发展。

（4）促进未来战略性新兴产业发展的愿景

智慧农场的规模化应用，可以显著降低人力成本，大大缓解我国人口老龄化带来的农业劳动力短缺危机，通过机器自主操作、系统智能决策，把部分繁重的农活交给机器人，把耗费精力的决策交给智能系统，最大限度减少人员进出，有助于降低重大疫病的传播风险，提高重大疾病的防控能力，为实现农业现代化、保障国家粮食安全和重要农产品有效供给开辟独特道路（图 3-5）。此外，智慧农场技术支撑现代农业绿色发展，优化农业产业链要素配置，实现农业生产与食物需求的精准配置，有利于构建国内和国际双循环的新发展格局，提升我国农业产业竞争力。

6. 人工合成食物

（1）技术定义

人工合成食物是指区别于传统自然界通过植物的光合作用合成蛋白质、脂肪、淀粉等食物主要组分，而是基于合成生物技术，通过工

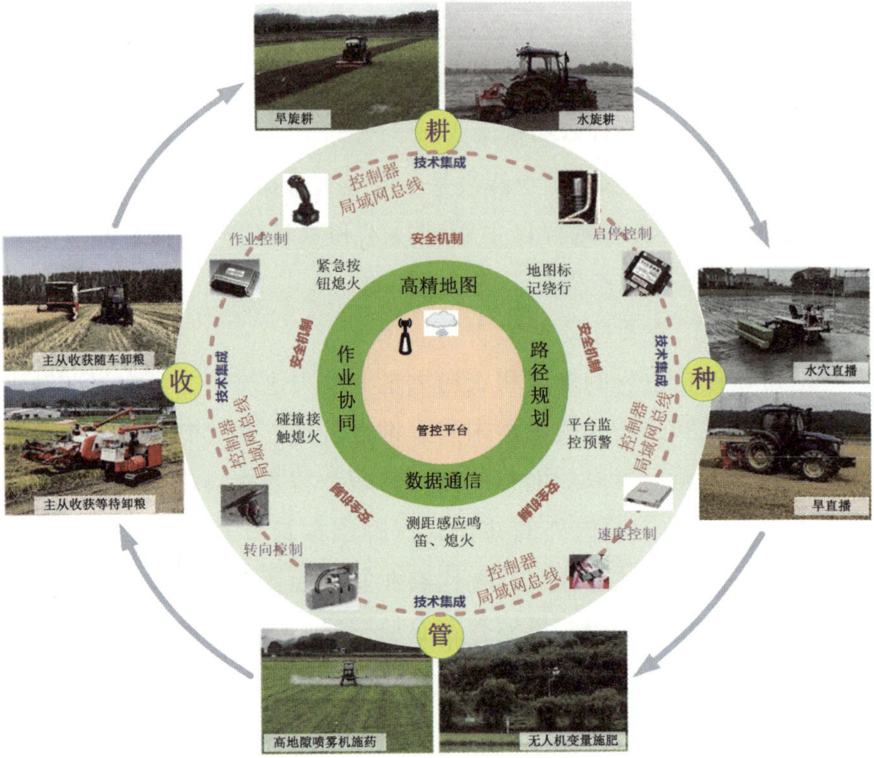

图3-5　智慧农场技术路径

程化思维设计、改造、重构细胞工厂等方式，直接人工合成低能耗、更环保、可再生的食物或其主要组分的一种新型技术。

（2）需突破的关键技术点

基于食物主要组分的人工合成，定向、高通量挖掘新型酶制剂，研究酶的精准分子改造技术，构建安全、高效的酶蛋白质微生物表达系统，构建基于合成生物学的细胞工厂及酶分子机器，构建多酶自组装偶联反应体系。多酶催化体系因其整体催化高效成为酶催化食物或食品主要组分制备技术领域发展的趋势和研究热点，需要突破底物通道效应、固定化材料、生物偶合构建多酶催化体系、生物积块与模块化、全细胞自偶联反应体系等关键技术或理论。在系统生物学的基础上，结合工程学理念，采用基因合成、编辑、调控等技术，对目标生物体进行改造，主要包括目标食品微生物中成簇规律间隔短回文重复（clustered regularly interspaced short palindromic repeats，CRISPR）高效基因编辑技术、重要代谢产物的合成代谢途径人工定向调控技术等。

（3）技术的重要意义

人工合成食物未来如果投入实际应用，不仅能节约耕地和淡水资源，进一步保障我国粮食安全，还将带来诸多想象空间；同时技术的实施也将为实现“双碳”目标做出更大贡献。

（4）促进未来战略性新兴产业发展的愿景

从分子生物学到合成生物学，科技进步已经让微生物细胞工厂及酶的定向改造日益成熟，并广泛应用于食品生产。理论上，大多数食品都可以借助合成生物技术制备获得（图 3-6）。未来人工“制造”粮食将成为可能，这将有效保障全球粮食安全和避免出现食物危机。

二、技术实现可能性及预期实现时间

（一）预期实现时间分布

根据第二轮调查数据的统计分析结果，农业领域 80%的技术的世界预期实现时间集中在 2025—2028 年（图 3-7）。

从中国与世界的对比情况来看（图 3-8），世界技术实现时间主要在 2026 年前后，而中国是在 2030 年前后，比世界晚 3—4 年；此外，从中国的技术实现时间和社会实现时间来看，从技术实现到社会实现需要 3—5 年的时间。

（二）从技术实现到社会实现的时间跨度分析

对比综合重要性指数排名前 30 的技术方向（图 3-9），可以得出从技术实现到社会实现的时间跨度平均为 3 年，最长为 5 年。“基于常规及基因组大数据的畜禽设计育种技术”“饲用大豆玉米减量替代与生物制造”的技术实现时间与社会实现时间之间只相差 1 年。“现代化高光效日光温室高效节能减碳设计的基础理论与技术研究”从技术实现到社会实现的时间跨度为 5 年。

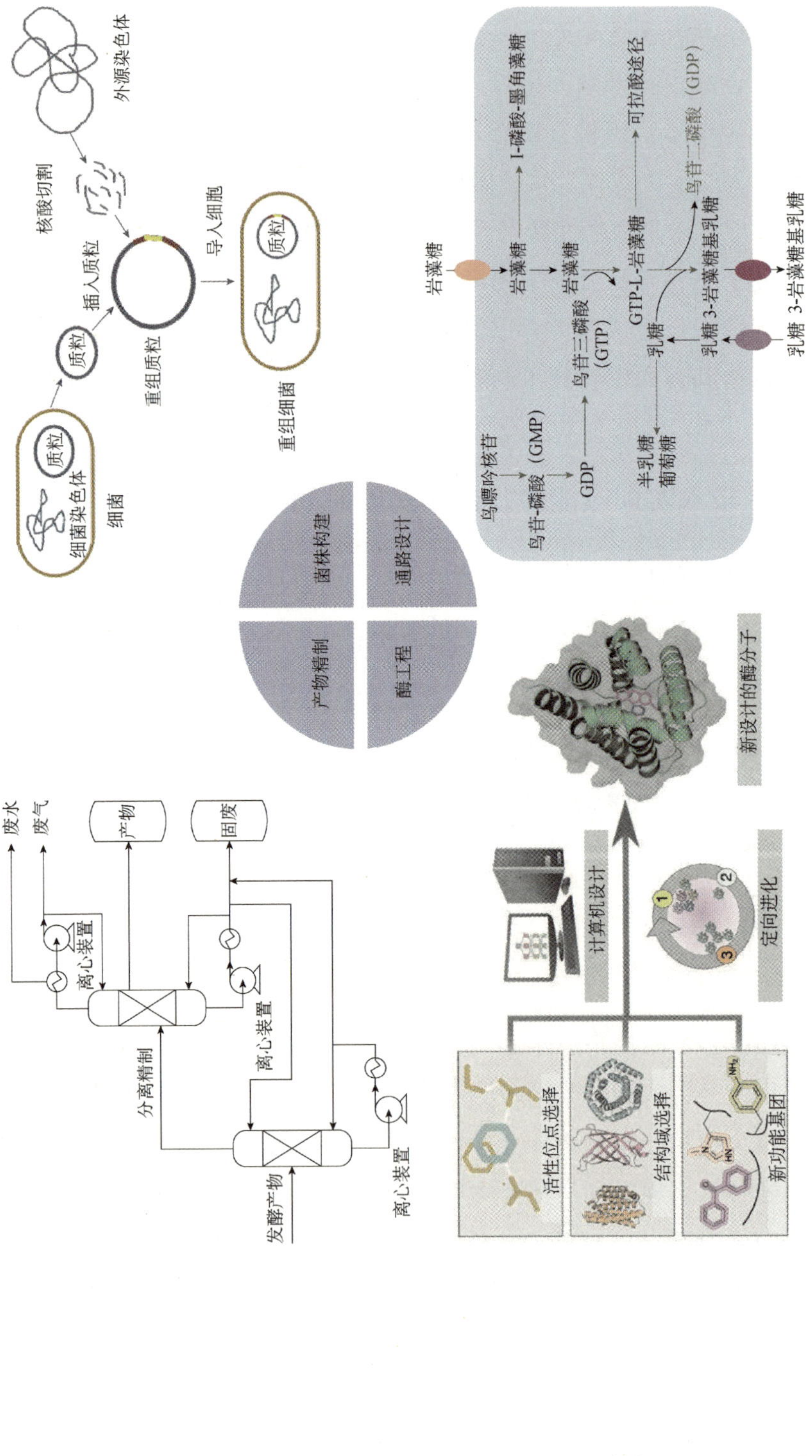

图3-6 人工合成食物机理图

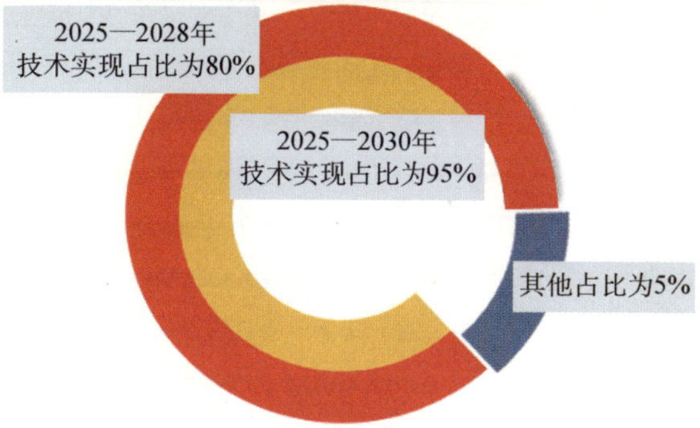

图 3-7　预期实现时间段

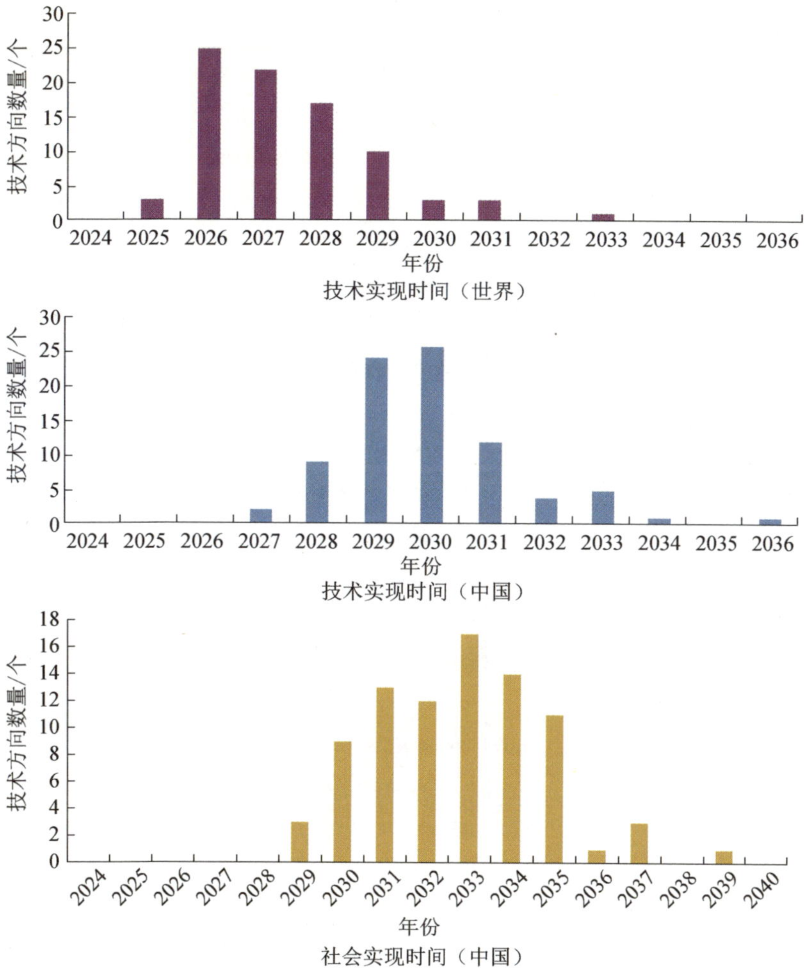

图 3-8　农业领域工程技术预期实现时间对比

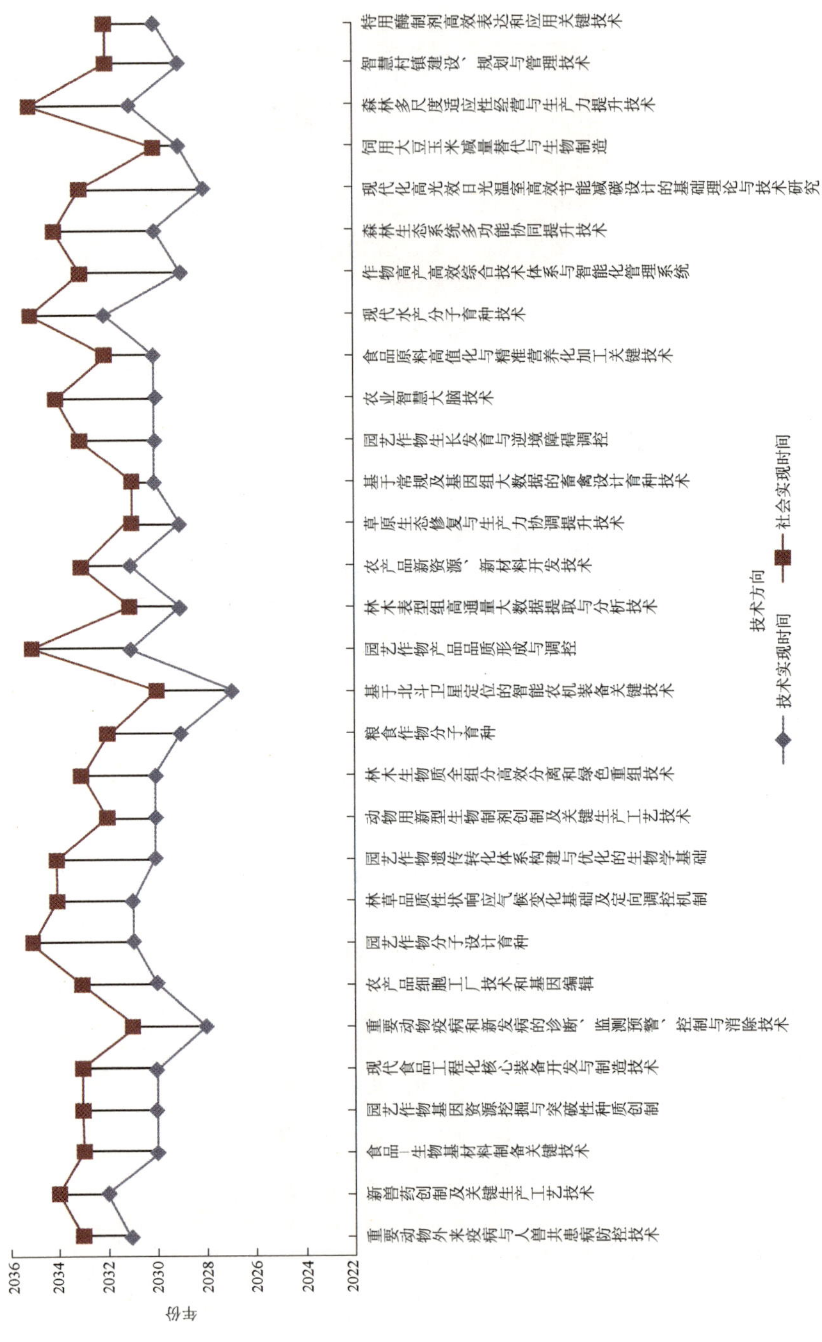

图 3-9 中国农业领域从技术实现到社会实现的时间跨度

（三）中国与世界技术实现时间差距比较分析

对于综合重要性指数排名前 10 的技术方向，比较分析我国与世界的技术实现时间的差距（图 3-10）。我国的技术实现时间比世界技术实现时间晚 0—3 年。其中“粮食作物分子育种”“重要动物外来疫病与人兽共患病防控技术”“园艺作物基因资源挖掘与突破性种质创制”“林草品质性状响应气候变化基础及定向调控机制”“智慧村镇建设、规划与管理技术”与世界水平差距最大，相差 3 年；“现代水产分子育种技术”与世界水平同步。

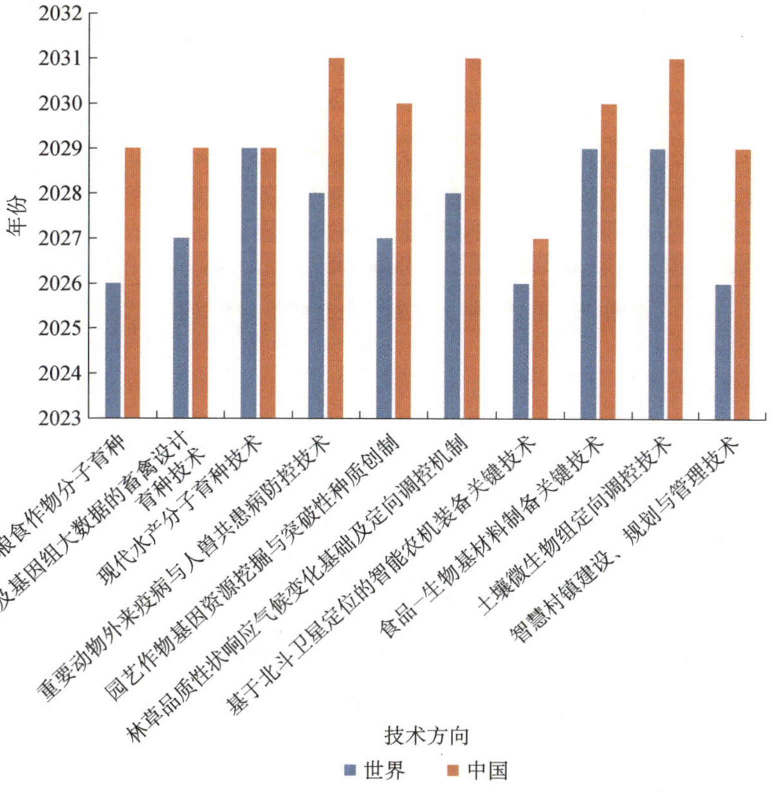

图 3-10　中国农业领域技术实现时间与世界的差距

（四）技术预期实现时间与综合重要性指数综合分析

将综合重要性指数排序前 1/3 的区域定义为“高重要性区域”，后

1/3 的区域定义为“低重要性区域”；同时对技术方向预期实现时间进行分类，将 2025 年前定义为“近期”，2026—2030 年定义为“近中期”，2031—2035 年定义为“中长期”，2036 年以后定义为“远期”。根据德尔菲法调查结果，技术方向按照“预期实现时间”和“综合重要性指数”两个指标进行分类。在所预见的全部技术方向中，近期没有技术能够实现；预计近中期能够实现的技术方向有 61 个，约占 73%；中长期能够实现的技术方向有 22 个，约占 26%；远期能够实现的技术方向有 1 个（图 3-11）。

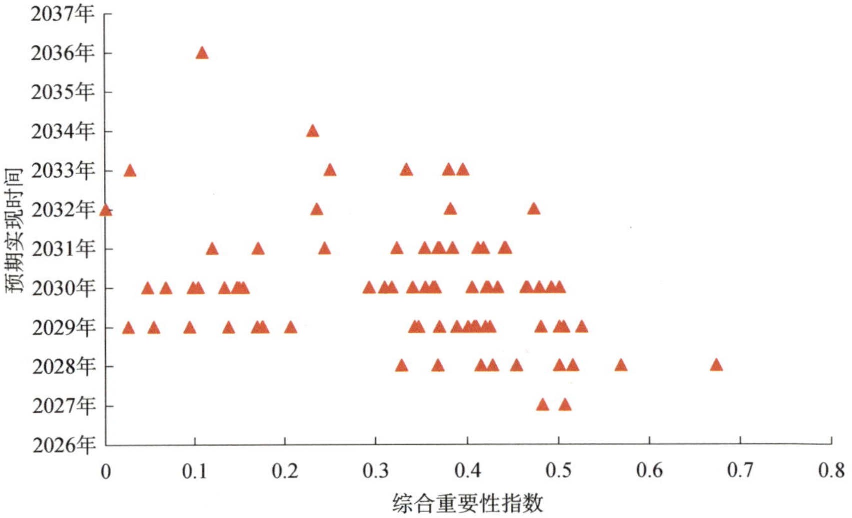

图 3-11　农业领域技术方向预期实现时间与综合重要性指数分布

（五）技术实现的约束条件

根据对研发水平指数、技术领先经济体、主要制约因素等方面的统计结果，可以选择各领域研发水平指数最高、受各类制约因素影响最大的技术方向，并可以对领域技术方向，子领域和领域整体的技术发展水平与约束条件进行分析。

1. 技术领先经济体

技术领先经济体在调查过程中有 5 个选项，分别是“美国”“欧盟”“日本”“俄罗斯”“中国”，受试需要选择其一。农业领域技术领先的判断标准如下（图 3-12）：除畜牧工程、水产工程、农业工程和农村现代化子领域外，美国拥有绝对技术优势，其次为欧盟、日本、中国和俄罗斯。

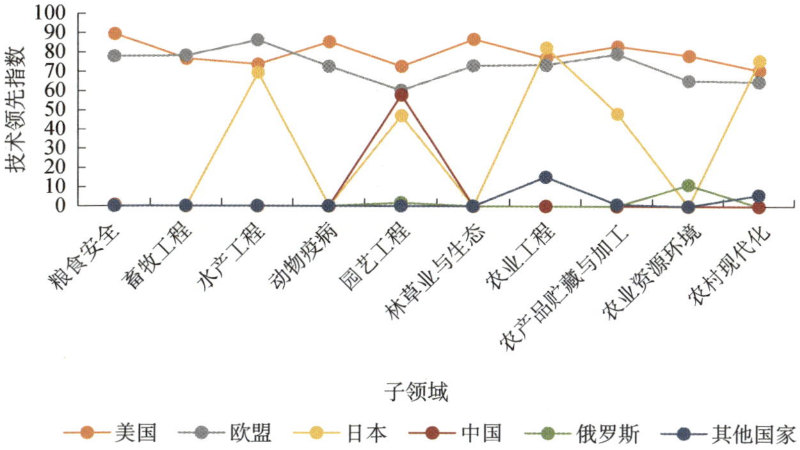

图 3-12　农业领域技术领先经济体分布

2. 研发水平指数

研发水平指数是判断该项技术在我国当前的研发水平。调查中包括 3 个选项，即“国际领先”“接近国际水平”“落后国际水平”，受试需要选择其一。84 个技术方向的研发水平指数分布如图 3-13 所示，研发水平指数高于 60 的技术方向只有 1 个，介于 40—60 的有 31 个，介于 20—40 的有 31 个，低于 20 的技术方向有 21 个。其中，第 34 个技术方向“现代化高光效日光温室高效节能减碳设计的基础理论与技术研究”的研发水平指数最高，第 56 个技术方向“农业智慧大脑技术”的研发水平指数最低。

三、工程科技发展的主要制约因素

农业领域工程科技发展的主要制约因素在调查过程中有 10 个选项：“人才队伍”“法律法规政策”“标准规范”“研发投入”“工业基础能力及科技资源”“协调与合作”“科学原理突破”“危害性或伦理性风

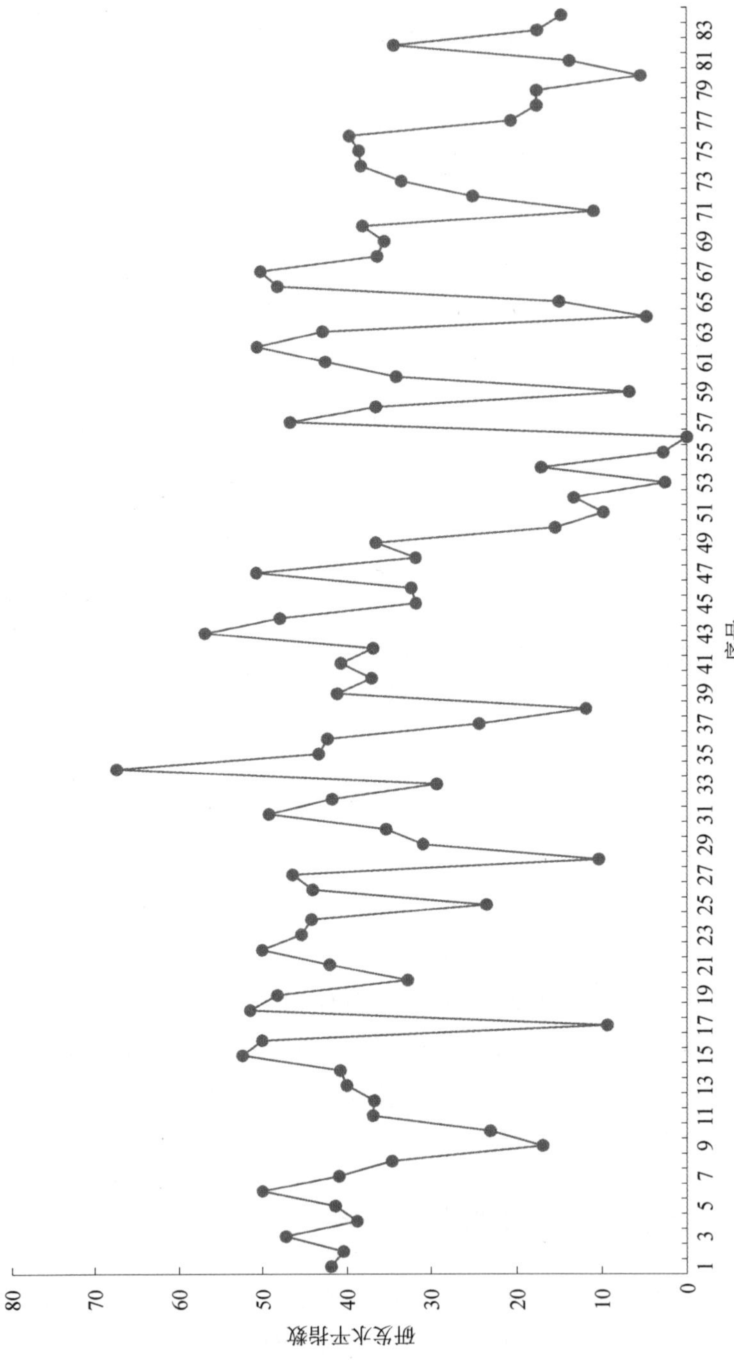

图 3-13　农业领域研发水平指数

注：1—5 粮食安全；6—14 畜牧工程；15—21 水产工程；22—25 动物疫病；26—39 园艺工程；40—46 林草业与生态；47—56 农业工程；57—68 农产品贮藏与加工；69—76 农业资源环境；77—84 农村现代化。序号对应技术方向名称详见表 3-1

险”“国外限制竞争”“经济可行性”。其分析结果如图 3-14 所示。整体来看，人才队伍、研发投入是农业领域工程科技发展的主要制约因素。具体到各子领域，畜牧工程、水产工程、农村现代化受标准规范的制约性较强，粮食安全、动物疫病和农村现代化受法律法规政策的制约性相对较强（图 3-15）。工业基础能力及科技资源对林草业与生态、园艺工程的制约性较强。协调与合作对畜牧工程、园艺工程、林草业与生态、农村现代化具有一定的制约性。科学原理突破对农业资源环境也具有一定的制约性。

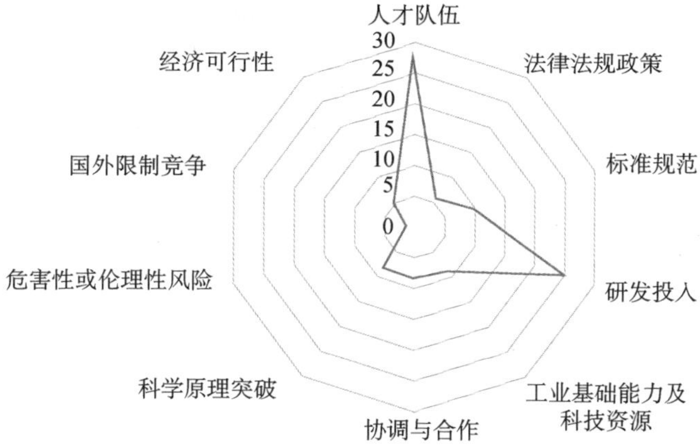

图 3-14　农业领域工程科技发展的主要制约因素

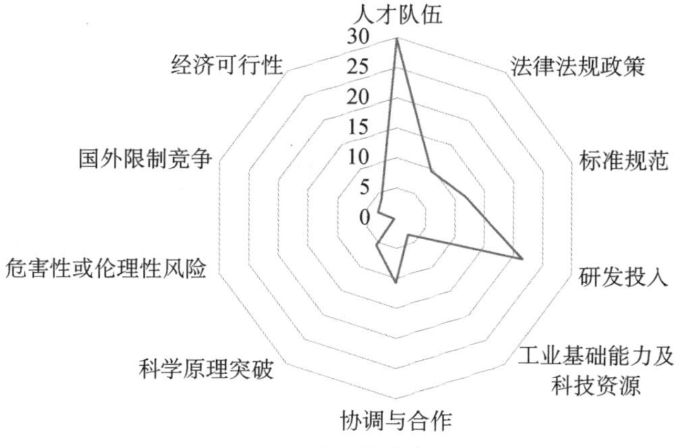

(a) 粮食安全

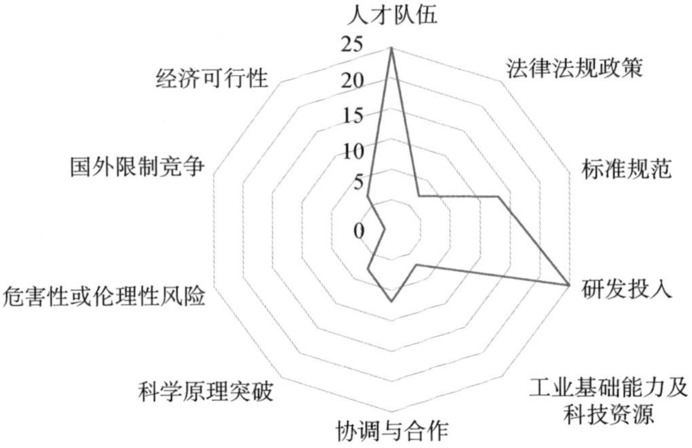

(b) 畜牧工程

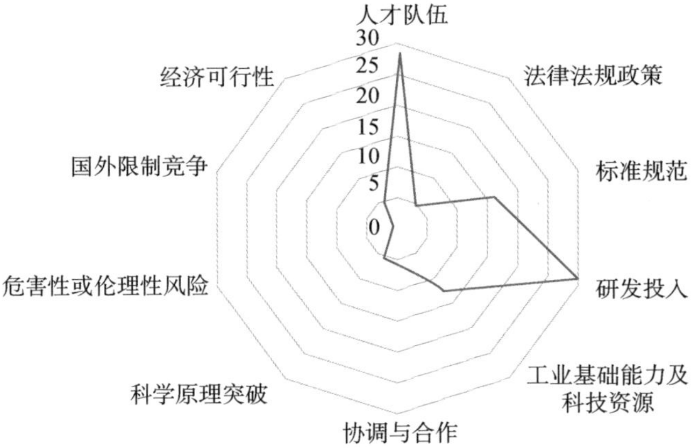

(c) 水产工程

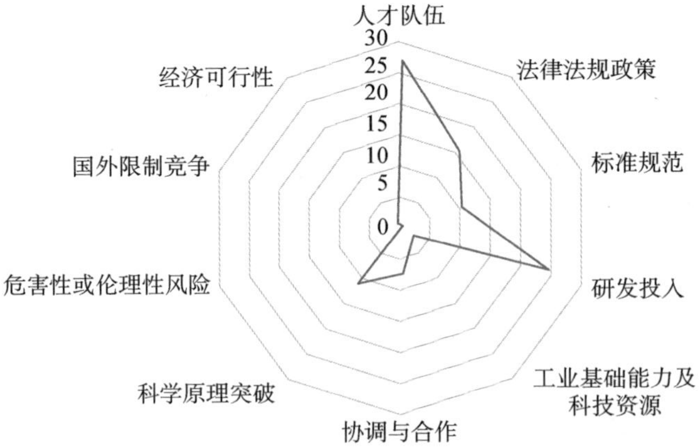

(d) 动物疫病

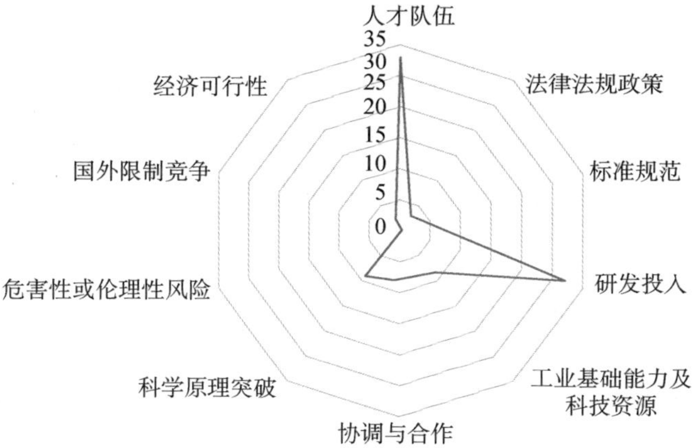

(e) 园艺工程

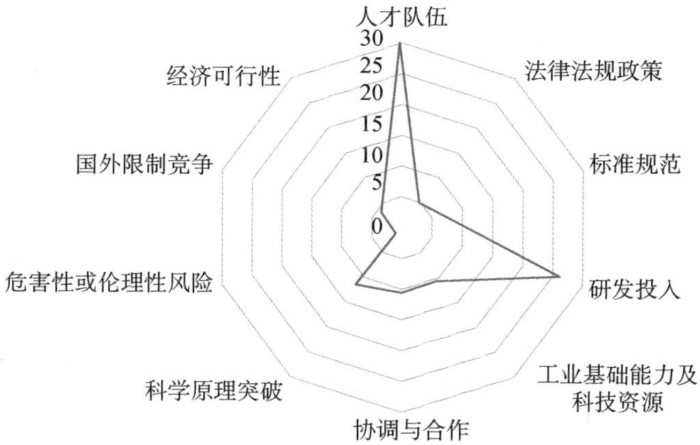

(f) 林草业与生态

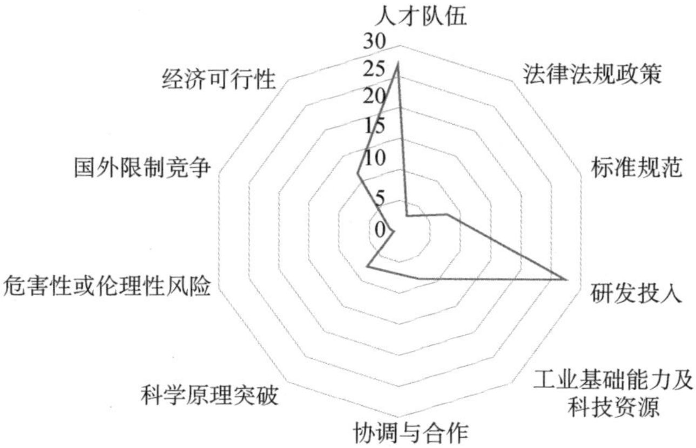

(g) 农业工程

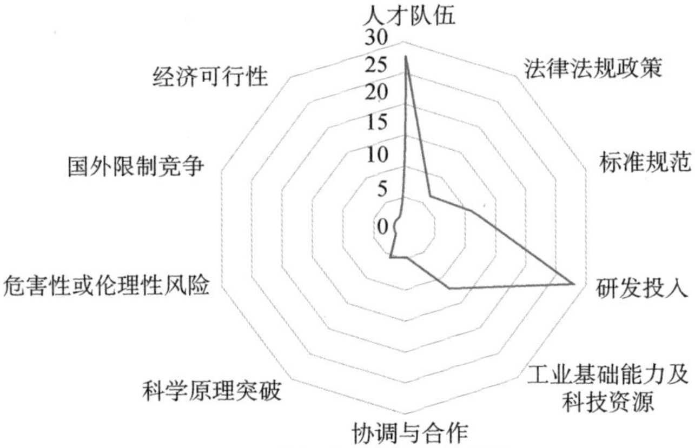

(h) 农产品贮藏与加工

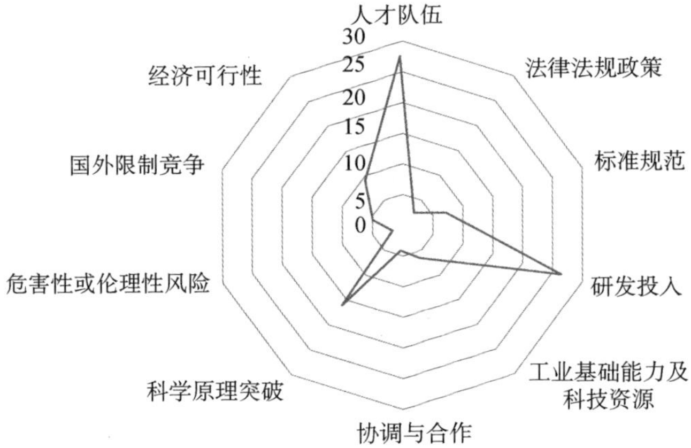

(i) 农业资源环境

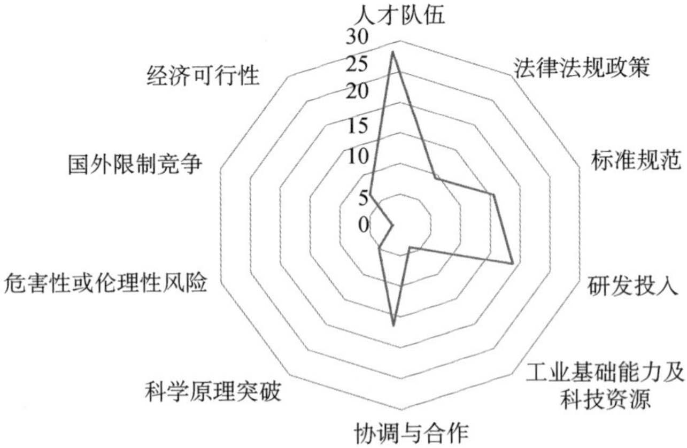

(j) 农村现代化

图 3-15　农业领域各子领域的工程科技发展主要制约因素

从人才队伍制约性指数排名看，园艺工程受其影响最大，在排名前10的技术方向中占到7项，林草业与生态占到2项，农村现代化占到1项（表3-4）。

表3-4　农业领域人才队伍制约性指数排名前10的技术方向

子领域	技术方向	人才队伍制约性指数	综合重要性指数	研发水平指数
园艺工程	园艺作物砧木资源高效利用与砧穗互作机制	35.71	84.87	41.67
园艺工程	园艺作物产品功能价值挖掘与低碳、环保和安全深加工技术研究	34.23	75.34	24.36
林草业与生态	林木表型组高通量大数据提取与分析技术	34.04	91.42	40.63
园艺工程	园艺产品采后保鲜与储运技术	33.33	86.31	29.25
林草业与生态	草原生态修复与生产力协调提升技术	33.33	91.33	32.26
农村现代化	农业农村大数据挖掘与利用技术	33.33	85.11	20.59
园艺工程	设施环境及园艺作物生长发育模拟模型	33.14	86.91	10.34
园艺工程	园艺作物生长发育与逆境障碍调控	33.05	90.49	46.34
园艺工程	园艺作物单细胞基因分析技术	33.03	70.01	43.24
园艺工程	园艺作物遗传转化体系构建与优化的生物学基础	32.93	93.45	49.12

从法律法规政策制约性指数排名情况看，动物疫病子领域受其影响最大，在排名前10的技术方向中占到4项，粮食安全和农村现代化分别占2项，畜牧工程及农产品贮藏与加工分别占到1项（表3-5）。

表3-5　农业领域法律法规政策制约性指数排名前10的技术方向

子领域	技术方向	法律法规政策制约性指数	综合重要性指数	研发水平指数
粮食安全	粮食作物分子育种	19.86	92.39	38.78
畜牧工程	饲用抗生素替代技术与产品创制	19.85	78.09	36.73
动物疫病	重要动物外来疫病与人兽共患病防控技术	19.80	97.80	44.12
农村现代化	现代乡村产居融合、产业融合发展技术	16.36	76.09	17.57
农村现代化	乡村“三生”空间多目标协同、规划与综合治理技术	16.34	79.69	14.71
动物疫病	重要动物疫病和新发病的诊断、监测预警、控制与消除技术	14.21	94.75	45.31
动物疫病	新兽药创制及关键生产工艺技术	14.09	96.65	23.53

续表

子领域	技术方向	法律法规政策制约性指数	综合重要性指数	研发水平指数
粮食安全	棉花转外源基因多抗育种	12.94	61.37	41.38
动物疫病	动物用新型生物制剂创制及关键生产工艺技术	12.83	93.01	50.00
农产品贮藏与加工	农产品新资源、新材料开发技术	12.81	91.13	46.52

从标准规范制约性指数排名情况看，畜牧工程受其影响最大，在排名前10的技术方向中占到3项（表3-6）。

表3-6 农业领域标准规范制约性指数排名前10的技术方向

子领域	技术方向	标准规范制约性指数	综合重要性指数	研发水平指数
畜牧工程	饲料营养和畜产品质量安全快速检测与风险评估技术	29.31	73.77	40.00
畜牧工程	饲料污染物的绿色生物防控技术	26.36	65.56	40.79
农产品贮藏与加工	预制菜加工现代化和个性化制作关键技术	26.13	72.06	42.66
水产工程	水产品高值化利用技术	22.97	71.98	50.00
农业资源环境	绿色智能肥料创制	21.95	81.38	35.37
畜牧工程	饲用抗生素替代技术与产品创制	21.37	78.09	36.73
水产工程	循环水养殖工程装备与关键技术	21.00	63.97	51.47
农产品贮藏与加工	农产品多维品质评价技术	20.24	76.81	42.37
农村现代化	乡村生态空间优化与景观功能提升技术	19.83	68.57	13.75
农村现代化	农村基础设施和公共服务支撑关键技术	19.82	80.93	17.57

从研发投入制约性指数排名情况看，农业资源环境子领域中“耕地质量动态变化的多源遥感监测技术”受研发投入的影响较大；园艺工程在排名前10的技术方向中占到5项，说明园艺工程子领域在较多的技术项目中受到研发投入的制约，而且制约性较强（表3-7）。

表3-7 农业领域研发投入制约性指数排名前10的技术方向

子领域	技术方向	研发投入制约性指数	综合重要性指数	研发水平指数
农业资源环境	耕地质量动态变化的多源遥感监测技术	35.85	80.28	39.47

续表

子领域	技术方向	研发投入制约性指数	综合重要性指数	研发水平指数
园艺工程	园艺作物砧木资源高效利用与砧穗互作机制	35.71	84.87	41.67
园艺工程	园艺作物产品功能价值挖掘与低碳、环保和安全深加工技术研究	34.23	75.34	24.36
水产工程	现代水产分子育种技术	33.90	89.81	52.44
园艺工程	园艺作物遗传转化体系构建与优化的生物学基础	32.32	93.45	49.12
园艺工程	设施环境及园艺作物生长发育模拟模型	31.40	86.91	10.34
园艺工程	园艺作物生长发育与逆境障碍调控	31.36	90.49	46.34
农产品贮藏与加工	食品原料高值化与精准营养化加工关键技术	31.35	91.00	36.19
林草业与生态	森林生态系统多功能协同提升技术	31.09	89.67	31.71
水产工程	水产品高值化利用技术	31.08	71.98	50.00

从工业基础能力及科技资源制约性指数排名情况看，园艺工程和水产工程子领域受其影响较大。工业基础能力及科技资源对于林草业与生态子领域中的“木制品智能联控制造技术”制约性较强（表3-8）。

表3-8　农业领域工业基础能力及科技资源制约性指数排名前10的技术方向

子领域	技术方向	工业基础能力及科技资源制约性指数	综合重要性指数	研发水平指数
林草业与生态	木制品智能联控制造技术	28.79	75.97	56.82
园艺工程	植物工厂园艺作物高效栽培	25.63	74.01	30.91
园艺工程	高效的园艺作物智能机械组装和研发	25.00	87.85	11.90
林草业与生态	林木生物质全组分高效分离和绿色重组技术	21.37	92.78	47.78
农产品贮藏与加工	中国酿造发酵食品现代化制造和智能升级关键技术	21.05	83.23	50.45
水产工程	深水高效养殖设施与关键技术	20.00	80.39	48.15
水产工程	极地海洋与远洋渔业资源勘采技术	19.28	82.69	9.38
水产工程	循环水养殖工程装备与关键技术	19.00	63.97	51.47
园艺工程	园艺产品采后保鲜与储运技术	18.67	86.31	29.25
农产品贮藏与加工	现代食品工程化核心装备开发与制造技术	18.58	94.89	4.71

从协调与合作制约性指数排名情况看，畜牧工程子领域中“基于常规及基因组大数据的畜禽设计育种技术”受其影响比较大；农村现代化在排名前 10 的技术方向中占到 6 项，说明农村现代化子领域在较多的技术项目中受到协调与合作的制约，而且制约性较强（表 3-9）。

表 3-9　农业领域协调与合作制约性指数排名前 10 的技术方向

子领域	技术方向	协调与合作制约性指数	综合重要性指数	研发水平指数
畜牧工程	基于常规及基因组大数据的畜禽设计育种技术	24.19	91.17	40.91
林草业与生态	林木表型组高通量大数据提取与分析技术	19.15	91.42	40.63
畜牧工程	精准营养与饲养的种养循环绿色养殖技术	18.86	77.61	36.89
园艺工程	园艺作物基因资源挖掘与突破性种质创制	18.75	94.96	42.21
农村现代化	现代乡村产居融合、产业融合发展技术	17.27	76.09	17.57
农村现代化	农村基础设施和公共服务支撑关键技术	17.12	80.93	17.57
农村现代化	乡村“三生”空间多目标协同、规划与综合治理技术	16.99	79.69	14.71
农村现代化	乡村对外交通和智能物流设计技术	15.79	82.19	34.21
农村现代化	乡村生态空间优化与景观功能提升技术	15.52	68.57	13.75
农村现代化	村镇地区突发公共安全事件链监测预警与应急响应技术	15.52	76.70	17.50

从科学原理突破制约性指数排名情况看，农业资源环境子领域受其影响最大，在排名前 10 的技术方向中占到 4 项；园艺工程占 3 项；林草业与生态占到 2 项（表 3-10）。

表 3-10　农业领域科学原理突破制约性指数排名前 10 的技术方向

子领域	技术方向	科学原理突破制约性指数	综合重要性指数	研发水平指数
农业资源环境	基于基因编辑技术的土壤重金属污染清除技术	22.03	63.77	38.10
动物疫病	新兽药创制及关键生产工艺技术	18.79	96.65	23.53
农业资源环境	常温常压合成氨技术	18.52	81.96	33.33
园艺工程	园艺作物单细胞基因分析技术	18.35	70.01	43.24
林草业与生态	林草品质性状响应气候变化基础及定向调控机制	18.25	93.49	36.96

续表

子领域	技术方向	科学原理突破制约性指数	综合重要性指数	研发水平指数
农业资源环境	气候变化背景下的农业生产生态应对	16.87	70.32	37.93
农业资源环境	水体营养回收及高值利用	16.67	79.41	25.00
园艺工程	园艺作物生长发育与逆境障碍调控	16.10	90.49	46.34
园艺工程	园艺作物根际土壤微生物多样性研究与结构分析	15.06	78.80	41.07
林草业与生态	草原生态修复与生产力协调提升技术	15.05	91.33	32.26

从危害性或伦理性风险制约性指数排名情况看，农产品贮藏与加工受其影响最大，在排名前 10 的技术方向中占到 4 项；畜牧工程占到 3 项；农业资源环境占到 2 项；农村现代化占 1 项（表 3-11）。

表 3-11　农业领域危害性或伦理性风险制约性指数排名前 10 的技术方向

子领域	技术方向	危害性或伦理性风险制约性指数	综合重要性指数	研发水平指数
农产品贮藏与加工	农产品细胞工厂技术和基因编辑	6.11	94.56	33.97
农业资源环境	土壤微生物组定向调控技术	5.56	83.12	38.33
畜牧工程	动物干细胞育种技术	5.41	68.89	23.08
农产品贮藏与加工	农产品新资源、新材料开发技术	3.75	91.13	46.52
农村现代化	村镇地区突发公共安全事件链监测预警与应急响应技术	3.45	76.70	17.50
农产品贮藏与加工	食品原料危害因子的形成、变化与控制技术	3.37	87.46	47.97
畜牧工程	基于常规及基因组大数据的畜禽设计育种技术	3.23	91.17	40.91
农产品贮藏与加工	食品-生物基材料制备关键技术	3.14	96.07	14.95
畜牧工程	饲用抗生素替代技术与产品创制	3.05	78.09	36.73
农业资源环境	新兴污染物高效降解修复技术	2.99	68.51	10.87

从国外限制竞争制约性指数排名情况看，农业资源环境受其影响最大，在排名前 10 的技术方向中占到 4 项；粮食安全占 2 项；畜牧工程，林草业与生态，水产工程，以及农产品贮藏与加工均只占 1 项（表 3-12）。

表 3-12　农业领域国外限制竞争制约性指数排名前 10 的技术方向

子领域	技术方向	国外限制竞争制约性指数	综合重要性指数	研发水平指数
水产工程	极地海洋与远洋渔业资源勘采技术	8.43	82.69	9.38
农业资源环境	常温常压合成氨技术	7.41	81.96	33.33
农产品贮藏与加工	现代食品工程化核心装备开发与制造技术	7.11	94.89	4.71
农业资源环境	基于基因编辑技术的土壤重金属污染清除技术	6.78	63.77	38.10
林草业与生态	木制品智能联控制造技术	6.06	75.97	56.82
农业资源环境	水体营养回收及高值利用	6.06	79.41	25.00
农业资源环境	耕地质量动态变化的多源遥感监测技术	5.66	80.28	39.47
畜牧工程	饲用大豆玉米减量替代与生物制造	5.41	88.95	50.00
粮食安全	粮食作物分子育种	4.96	92.39	38.78
粮食安全	棉花转外源基因多抗育种	4.71	61.37	41.38

从经济可行性制约性指数排名情况看，农业工程受其影响最大，在排名前 10 的技术方向中占到 6 项，说明农业工程子领域在较多的技术项目中受到经济可行性的制约，而且制约性较强（表 3-13）。

表 3-13　农业领域经济可行性制约性指数排名前 10 的技术方向

子领域	技术方向	经济可行性制约性指数	综合重要性指数	研发水平指数
农业工程	智能植物工厂技术	18.61	70.58	13.29
农业资源环境	气候变化背景下的农业生产生态应对	15.66	70.32	37.93
农业资源环境	常温常压合成氨技术	14.81	81.96	33.33
农业工程	基于人工智能的农业水肥药精准管理技术	12.94	82.58	9.77
农业工程	农业高效用水理论与设备研发	12.45	72.03	36.42
农业工程	无人农场关键技术与装备	12.31	82.94	31.72
农业工程	农业生态调控与修复技术	11.11	72.75	15.45
畜牧工程	基于实时监测与动态需要的精准营养与饲喂技术	10.53	87.54	34.62
园艺工程	高效的园艺作物智能机械组装和研发	10.48	87.85	11.90
农业工程	基于北斗卫星定位的智能农机装备关键技术	10.46	92.22	50.59

根据技术预见结果分析，目前中国农业领域工程科技创新发展总体表现如下：在技术核心性方面，农业领域的技术核心性主要体现在基于

现代生物技术的育种与高效种养、基于现代工程技术的种养业生产与食品加工的相关设施与装备的研究与应用；在技术带动性方面，目前农业领域整体上多数技术具有技术通用性，应用范围较为广泛，但具有产业先行作用和产业带动效果的技术较少；在研发水平方面，目前农业领域的总体研发水平较低，各技术方向差异较大。在相关技术领域处于国际领先地位的国家大多数是美国，除畜牧工程、水产工程、农业工程和农村现代化子领域外，美国拥有绝对技术优势，其次为欧盟和日本。日本在农业工程、农村现代化两个子领域占据世界领先地位，在水产工程、农产品贮藏与加工两个子领域排名世界第三位。综合来看，制约中国农业领域工程创新发展能力的关键因素是人才队伍与研发投入。

四、关键技术方向

由于农业领域各子领域的方向差别较大，若把整个农业领域放在一起分析，容易把一些子领域的重要技术“遗漏”。因此，为了客观合理地反映真实情况，研究者基于前面整个农业领域的技术方向的统计分析，结合各子领域的实际情况，综合技术核心性指数和技术应用重要性两项指数，得到核心性与应用重要性综合指数，即综合重要性指数，并以此为基础，经过专家研讨分析，提出面向 2040 年的农业领域关键技术方向，共 10 项（表 3-14）。

表 3-14　面向 2040 年的农业领域关键技术方向

子领域	关键技术方向
粮食安全	粮食作物分子育种
畜牧工程	基于常规及基因组大数据的畜禽设计育种技术
水产工程	现代水产分子育种技术
动物疫病	重要动物外来疫病与人兽共患病防控技术
园艺工程	园艺作物基因资源挖掘与突破性种质创制
林草业与生态	林草品质性状响应气候变化基础及定向调控机制
农业工程	基于北斗卫星定位的智能农机装备关键技术
农产品贮藏与加工	食品–生物基材料制备关键技术
农业资源环境	土壤微生物组定向调控技术
农村现代化	智慧村镇建设、规划与管理技术

第三节 中国农业领域工程科技体系发展能力分析

党的十八大以来，以习近平同志为核心的党中央把科技创新摆在更加重要的位置，提出要实施创新驱动发展战略，开启了我国建设世界科技强国的新征程。目前，全球已进入创新驱动时代，我国正逐步进入创新型国家行列。科技已成为世界农业发展的核心动力，农业竞争的实质是科技竞争，世界新一轮农业科技革命正在孕育兴起，掌握全球农业科技竞争先机愈加关键。习近平总书记在 2019 年 9 月 5 日给全国涉农高校的书记校长和专家代表的回信中指出：中国现代化离不开农业农村现代化，农业农村现代化关键在科技、在人才①。2020 年 7 月 22 日至 24 日习近平总书记在吉林考察时的讲话指出：农业现代化，关键是农业科技现代化②。2017 年 5 月 26 日习近平总书记致中国农业科学院建院 60 周年的贺信中指出：牢牢掌握我国农业科技发展主动权，为我国由农业大国走向农业强国提供坚实科技支撑③。习近平总书记的重要论述为我国农业科技自立自强指明了方向，是农业科技发展的根本遵循。

与世界农业科技强国相比，中国农业科技强国的实现度为 62%（图 3-16），与西方科技强国相比在科技创新能力方面还有不小的差距。在走向世界农业科技强国的路上，中国刚刚走完 2/3 的路程，正处于“爬坡过坎”的阶段。

根据高旺盛等（2021b）的研究测算，从科技支撑能力、农业技术水平、农业科技效率、农业科技条件和农业科技产出 5 个具体维度来看，我国农业科技支撑能力的实现度为 80%，农业技术水平和农业科

---

① 习近平回信寄语全国涉农高校广大师生：以强农兴农为己任. https://baijiahao.baidu.com/s?id=1643920774301501625&wfr=spider&for=pc[2019-09-06].

② 习近平在吉林考察：坚持新发展理念深入实施东北振兴战略 加快推动新时代吉林全面振兴全方位振兴. https://www.gov.cn/xinwen/2020-07/24/content_5529791.htm[2020-07-24].

③ 习近平致中国农业科学院建院 60 周年的贺信. https://news.12371.cn/2017/05/26/ARTI1495792868154449.shtml[2017-05-26].

技产出的实现度分别为70%和71%，表现较好，客观反映了我国农业科技进步对国家农业发展的有力支撑。我国在世界上保持着较高的粮食生产能力、粮食单产，以及位居世界前列的论文专利产出数量等。农业科技效率的实现度为50%，与发达国家相比，农业资源利用效率差距较大，无法满足解决我国农业资源紧缺矛盾的技术需求，也说明提高农业科技效率的潜力很大。最大的短板是农业科技条件，实现度仅为38%，这是制约我国农业自主创新的关键要素，也是补齐短板政策创新的突破口（图3-16）。

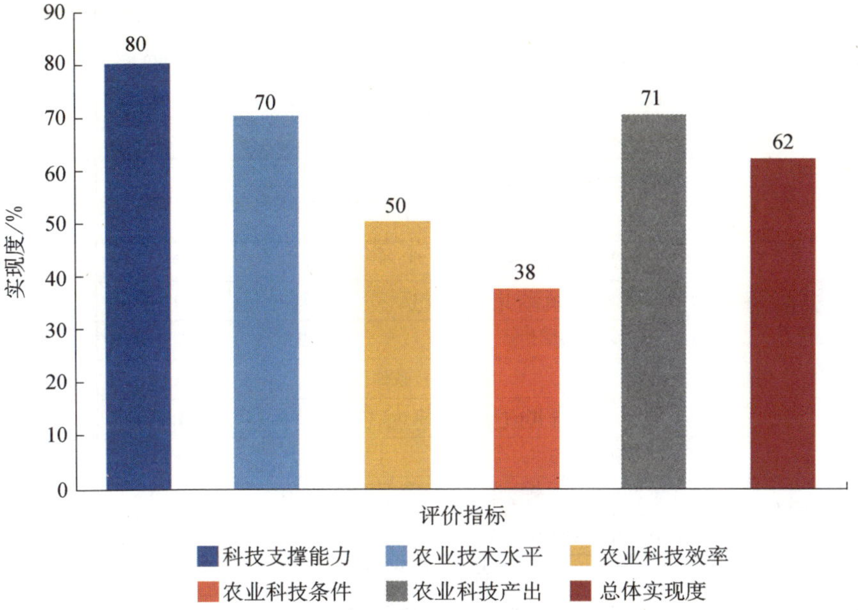

图3-16 中国农业科技强国实现度

资料来源：高旺盛等（2021b）

如表3-15所示，从科技支撑能力来看，2019年中国的粮食安全指数为71.0，世界排名第35位；在食品安全指数方面，中国为72.6，世界排名前5位的国家的平均数值为86.3。中国的农业科技进步贡献率由2011年的52%提高到2019年的59.2%，但是与世界发达国家的平均数值仍有不小的差距。

表 3-15　中国农业科技强国实现度评价表

一级指标	二级指标	中国的数值	发达国家的平均数值	中国得分
1. 科技支撑能力	1.1 粮食安全指数	71.0	83.3	85
	1.2 食品安全指数	72.6	86.3	84
	1.3 农业科技进步贡献率/%	59.2	85.0	70
	科技支撑能力得分			80
2. 农业技术水平	2.1 粮食单产/（kg/hm^2）	6 081.4	7 330.0	83
	2.2 畜产品单产/（kg/头）	77	87	89
	2.3 农产品增值强度/%	2.0	5.7	34
	2.4 农业机械化率/%	69	95	73
	农业技术水平得分			70
3. 农业科技效率	3.1 土地产出率/（美元/hm^2）	1 805.03	4 805.6	38
	3.2 劳动生产率/（美元/人）	3 442.2	80 389.8	4
	3.3 肥料利用率/%	32	57	56
	3.4 饲料转化率/%	3.2	2.75	86
	3.5 水分利用效率/（kg/m^3）	1.5	2.25	67
	农业科技效率得分			50
4. 农业科技条件	4.1 农业科技人员数/（人/万人）	32.4	78.2	41
	4.2 农业科技投入强度/%	0.62	1.98	31
	4.3 企业研发投入占比/%	30	70	43
	农业科技条件得分			38
5. 农业科技产出	5.1 学科规范化引文影响力	1.06	1.367	78
	5.2 发明专利认可度/%	21.7	37.74	57
	5.3 国家农业科技专利竞争力指数	2.93	1.91	100
	5.4 农业科技成果转化率/%	40	80	50
	农业科技产出得分			71
中国农业科技强国总体实现度/%				62

注："中国得分"是以发达国家该项指标前 5 名的平均值为 100，中国的相应数值与之相比，按百分制确定而来

资料来源：高旺盛等（2021b）

从农业技术水平来看，中国的粮食单产水平为 6081.4kg/hm^2，为世界平均水平的 1.5 倍，但仅为前 5 名世界发达国家平均水平的 83%；畜产品单产水平以每头猪平均出栏胴体重为衡量指标，我国仅为 77kg，前 5 名发达国家平均水平为 87kg，我国相当于发达国家的

89%；在农产品增值强度（以食品行业 GDP 与农业 GDP 的比值衡量）上，中国为 2.0，仅为前 5 名发达国家平均水平的 35%；我国农业机械化率为 69%，世界上主要发达国家则在 20 世纪 50—80 年代就相继实现了全面机械化，农业机械化率普遍在 95%以上。

从农业科技效率来看，中国的劳动生产率为 3442.2 美元/人，稍高于世界平均水平（3229.6 美元/人），但与世界上主要发达国家的差距仍然巨大，仅为世界前 5 名发达国家平均水平的 4%；中国的土地产出率为 1805.03 美元/hm^2，为世界平均水平（529.30 美元/hm^2）的 3.4 倍，但仅为世界前 5 名发达国家平均水平的 38%。中国的肥料利用率为 32%，低于同期世界平均水平 20%—30%；中国的饲料转化率（以猪的料肉比衡量）为 3.2，前 5 名发达国家平均水平为 2.75；中国的作物水分利用效率为 1.5kg/m^3，前 5 名发达国家平均水平为 2.25kg/m^3。

从农业科技条件来看，中国的农业科技人力资源依然不足，每万人农业从业人员中拥有的农业科技人员数为 32.4 人，仅为前 5 名世界发达国家平均水平的 41%；农业科技投入强度低于世界平均水平，中国的农业科技投入强度仅为 0.62%左右，而世界前 5 名发达国家的平均水平为 1.98%；中国的企业尚未成为农业科技投入的主体，目前企业研发投入占比（以企业研发投入占农业科学研发投入的比值衡量）约为 30%，而前 5 名发达国家平均占比为 70%。

从农业科技产出来看，中国农业领域的学科规范化引文影响力（category normalized citation impact，CNCI）为 1.06，世界排名第 16 位，仅为世界前 5 名发达国家平均值的 78%；发明专利认可度（以农业科技发明专利授权率为衡量）为 21.7%，低于世界前 5 名发达国家的平均值（37.74%）；国家农业科技专利竞争力指数为 2.93，世界排名第 2 位，仅低于美国；农业科技成果转化应用力度依然不够，中国的农业科技成果转化率为 40%，而世界前 5 名发达国家平均水平为 80%。

综合来看，我国农业科技创新能力与世界农业科技强国还有较大差距，亟须下更大力气、花更多时间在农业科技投入强度、农业科技人力资源、企业研发投入等方面加强力量、加快步伐、加大投入，大幅提升我国的农业劳动生产率，拓展农产品加工增值链条，提高土地产出率，优先补齐农业农村科技创新短板。

第四章　中国农业领域工程科技发展的战略构想

第一节　发 展 思 路

一、战略定位

我国农业农村现代化进入了以科技创新引领农业新质生产力的新阶段。面向2040年，农业科技可以为保障国家粮食安全、促进乡村全面振兴和加快建设农业强国三大战略提供核心支撑，是提高全要素生产率的必然选择，是建立现代化农业产业体系的决定力量，也是应对农业国际挑战的关键一招。在“三农”工作的全面布局中，要从战略上把农业科技摆在整个“三农”工作的核心地位，确立农业科技优先发展战略；在全国科技布局中，要以实现高水平农业科技自立自强和农业科技强国为目标，以突破农业农村领域关键核心技术和重大战略产品自主创新为主线，全面提升农业科技在全国科技布局中的战略地位，重构新时代具有中国特色的高质量农业科技创新体系，大力发展农业新质生产力，加快补齐农业基础研究薄弱、核心技术装备自主研发不强、创新人才供给不足、创新型企业过少等突出短板，打造国家农业科技战略力量，培育农业科技新优势，拓展农业科技新赛道，构建世界农业科技强国新格局，全面提升我国农业科技自主创新能力、国际竞争能力和可持续发展能力。

二、总体思路

农业科技创新要以习近平新时代中国特色社会主义思想为指导，全面贯彻落实党的二十大精神，以加快建设农业强国为总目标，牢固树立创新、协调、绿色、开放、共享的新发展理念，遵循农业科技创新规律，把握农业科技的基础性、公共性、社会性特征，确立“创新引领、产业升级、强化基础、突破卡点、重构体系”的总体发展思路。

（一）创新引领

坚持创新驱动，面向世界农业科技前沿，以及现代农业产业发展的重大需求，超前部署战略性、前沿性和颠覆性技术研究，抢占战略制高点，发展壮大高新技术产业，加快培育农业新质生产力，建设世界农业科技创新中心，全面提升农业科技自主创新水平，引领全球未来农业发展方向。

（二）产业升级

围绕国家粮食安全和农业产业发展重大战略新需求，瞄准未来产业和新业态的重大科技领域，加快我国农业产业向优质化、营养化、数字化、生态化转型升级，建立与国内人民生活水平相适应、与构建国内外双循环格局相适应、与农业产业强国相适应的新型农业产业体系与产业布局。

（三）强化基础

加快补齐我国农业基础研究的短板，面向国际农业基础前沿热点，在农业生物资源与基因挖掘、农业生态多样性与环境调控、动植物重大病虫害防控、食品与营养等方面加大基础研究支持力度，培育基础研究创新团队，形成一批重大原始创新基础研究成果。

（四）突破卡点

围绕当前和未来农业科技“卡脖子”关键核心技术与装备，发挥举国创新体制优势，集中创新资源，重点在基因编辑、分子育种、农业传感器、干细胞育种、智能装备、未来食品等领域部署关键核心技术攻坚战，开发一批具有自主知识产权的重大核心技术与装备，全面提升农业科技的自主可控与自立自强能力。

（五）重构体系

全面深化农业科技体制机制的系统化改革，统筹协调农业科技创新政府主导作用与市场引导作用，着力推进农业科技与产业深度融合，促进农业创新链与产业链、人才链、资金链的交叉融合，构建“梯次分明、分工协作、适度竞争”的农业科技创新体系，以深化科技体制机制改革，加速发展农业新质生产力。

三、总体构想

我国是农业大国，农业是立国之本。大国农业的根本问题就是吃饭问题，核心是吃饱吃好。农业领域工程科技总体布局遵循习近平总书记关于确保国家粮食安全、树立大食物观、推进农业科技现代化等方面的重要系列指示，贯彻落实党中央重大决策部署，结合现实需求和未来发展趋势，针对我国农业工程科技领域原始创新不足、关键核心技术不强等问题进行系统布局，立足科技自立自强，夯实农业发展根基，重点突破，为建设农业强国、促进乡村振兴、发展农业新质生产力、实现中国式农业农村现代化提供科技支撑。面向 2040 年中国农业领域工程科技发展总体架构见图 4-1。

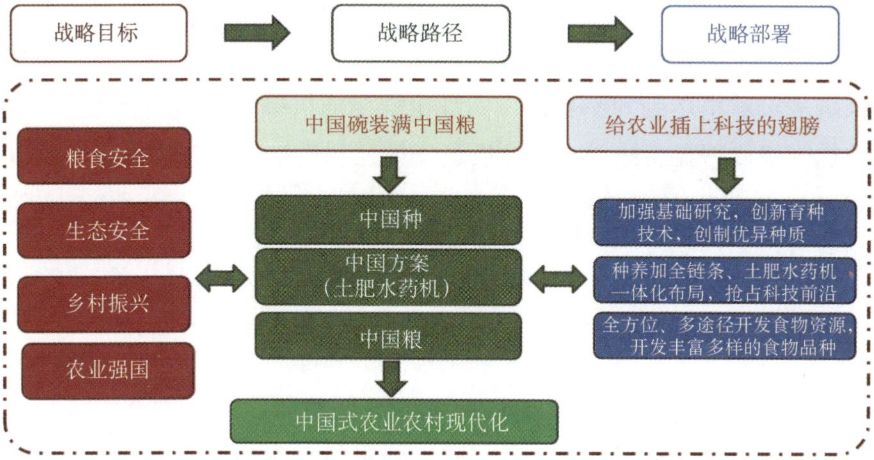

图 4-1　面向 2040 年中国农业领域工程科技发展总体架构图

第二节 战略目标

面向2040年，提出了如下我国农业领域工程科技的总体发展目标及阶段目标。

一、总体目标

全面加强农业工程科技基础研究、战略性研究和关键核心技术研发，系统部署发展新质生产力重大科技行动，提升我国农业科技持续创新能力，实现农业科技自立自强，建立与我国农业大国地位相适应并具有世界先进水平的食物安全、生态安全、资源安全科技创新体系；在战略性、前沿性、基础性领域特别是关键技术上取得重大突破，不断形成新理论、新技术、新方法与新产品，并在生产中得到广泛应用；持续实施一批重大工程和重大科技专项，构建重大源头技术创新基础设施与关键技术平台，支撑我国现代农业快速发展；建立健全开放、流动、竞争、协作的新体制及运行机制，打造一批国际一流的现代化科研院所、学科与创新团队，主要领域拥有可持续的科技突破能力、全球创新引领能力和明显的竞争优势；形成重点战略方向技术“领跑”的创新格局，产业核心竞争力达到发达国家水平，农业科技进步贡献率达到80%以上，实现全程全面机械化技术创新驱动产业结构升级取得显著成效，农业质量、效益和竞争力显著增强，到2040年时基本建成世界农业科技强国，我国农业领域工程科技进入创新型国家前列。

二、具体目标

根据国家食物安全、乡村振兴、绿色发展、生态安全、人民健康、共同富裕及中国式农业农村现代化的重大需求，攻克一批未来农业生产发展急需的关键技术难题，针对生物种业、耕地保护与产能提升、智慧农业等一批对我国农业发展和农业高技术产业开发带动性强、覆盖面广、关联度高的核心技术、共性技术及配套技术进行重点攻关，形成我国农业生产技术的创新体系，大幅度提升我国农业领域工程科技创新水平；建立完备的国家农业领域工程科技创新体系、工程技术体系和产业体系。在此基础上，部署层次分明的农业科技战略力量体系，建成一批关键技术平台，研发一批农业高科技产品，培养一支精干的农业高技术研发队伍。

（一）2035 年目标

到 2035 年，进入世界农业科技强国行列，乡村振兴、农业农村现代化取得重要进展。具有中国特色的农业农村科技创新体系更加健全，农业农村创新创业生态更加优化，农业科技创新能力显著提升，突破分子设计育种、绿色投入品等一批重大基础理论和前沿颠覆性技术，攻克智慧农业与农业装备等一批关键核心技术，打造一批国家级科技创新平台。农业高新技术产业发展迅速，农业综合效益和竞争力显著增强，农业科技进步贡献率达到 75%以上。

（二）2040 年目标

到 2040 年，基本建成农业科技强国，进入世界农业科技强国前列，乡村振兴取得决定性进展，农业农村现代化基本实现。具有中国特色的农业农村科技创新体系和生态系统全面建立。农业农村科技自主创新能力和水平全面提升，形成重点战略方向技术“领跑”的创新格局，产业核心竞争力达到发达国家水平，农业科技进步贡献率达到 80%以上。

第三节　重 点 任 务

预计到 2040 年，我国农业领域工程科技创新将由追求高产再高产向注重农产品品质转变；由高水、高肥、高产向控水、减肥、减药、优产、优质、高效转变，更加重视降本提质增效、绿色发展；由单一粮食安全向综合食物安全和营养健康转变；由单一农产品生产功能向关注农业的生态、休闲、养生等多功能转变；由传统耕地农业向非传统耕地农业转变；由重点关注农业生产过程的科技创新向发展农业新质生产力、关注提升农业产业竞争力和促进乡村振兴的科技创新转变。

（一）突破基础前沿和颠覆性技术，实现更多“从0到1”的突破

针对农业农村现代化重大科学理论问题、世界科学竞争前沿和未来科技发展趋势，重点部署生物种业等领域重大理论和非豆科固氮等颠覆性技术研究，强化动植物种质资源、高产高效、农林绿色发展、农业资源与环境等方面的基础研究，加快实现“从0到1”的重大突破，取得一批原创性重大成果，抢占前沿科技制高点，引领未来农业创新，建设农业科技强国。

重点研究方向如下：①挖掘动植物高产、优质、抗病虫、抗逆、水分养分高效利用等重要性状基因，阐明其分子基础，解析主要动物的生殖发育、胚胎发育、干细胞克隆的遗传学基础与调控机制。②解析主要农作物产量形成的规律和调控机制，开展作物高产优质的生理生态机制、作物高产高效与土肥水资源耦合机制、有害生物控制与粮食质量安全等基础研究。③开展动物产品品质形成与调控、饲用抗生素的关键作用靶点及其替代机理、重大动物疫病和传染病的产生与防控、草原生物多样性保护与利用等基础研究。④开展农业土壤-作物养分运转、动植物生长发育过程的信息感知机理、农业地物遥感及解析机理等基础研究；开展旱区作物用水过程与调控机理研究，探索灌区水转化与节水减污调控机理。⑤开展耕层土壤快速熟化与耕地生产力提升、土壤障碍因子形成与快速修复机理等基础研究。⑥开展土壤-动植物-设施环境-机器系统应用基础研究，揭示设施环境和机器作业对

土壤及动植物生长的影响规律。⑦开展农林物质循环高效利用、森林湿地等陆地生态系统过程与服务功能等基础研究。⑧开展主要农作物和森林重大病虫害暴发成灾规律与防控机制以及气候变化、极端天气事件和气象灾害对我国农林业生产的影响机理等基础研究。⑨开发非豆科固氮等颠覆性技术，解析天然固氮微生物的生物学基础及调控网络，人工设计标准通用的最小固氮酶基因簇，筛选植物靶细胞器中可为固氮酶提供能量的电子传递模块和氧保护模块，搭建人工固氮基因回路，将固氮体系转入植物细胞，实现水稻、玉米等非豆科作物自主固氮。⑩研发植物高光效技术，对光合作用回路进行重新设计与系统优化，重构植物光合系统，对卡尔文循环进行改造，增加叶绿体中的 CO_2 浓度，降低光呼吸，开发光合循环优化育种技术。⑪发展大动物干细胞技术，建立干细胞体外高效诱导分化体系，获得大量的动物精子或卵子，实现性别控制，探讨器官再造；建立大动物基因编辑的干细胞库，生产携带特定性状的动物，构建优化的人类疾病模型，为实现大动物的精准育种和人类疾病的致病机理的解析和治疗提供解决方案。

（二）攻克关键核心技术瓶颈，持续推动产业技术升级

针对事关粮食安全和食物安全的重大战略性、前瞻性及“卡脖子”瓶颈技术问题，重点布局农业生物种质资源挖掘与创新利用、种业自主创新、智能农机装备等现代农业产业链技术研究，突破高效全基因组选择和基因编辑、智能设计育种、种苗良繁与质量保持、绿色肥料与农药创制、畜禽生态养殖、净水渔业生态操控、农业大数据与智能决策、农业装备智能制造等关键技术，提升关键核心技术创新能力，解决学科和产业发展的关键问题，从根本上扭转关键核心技术对外依存度高的局面，实现农业产业技术升级，提升竞争力，为现代农业高质量发展提供有力的科技保障。

重点研究方向如下：①攻克动植物分子标记、基因编辑、细胞工

程、空间诱变育种、杂种优势利用等关键技术，创制一批动植物新品种、生物反应器等重大产品。②聚焦智能高效生产、绿色智慧流通、精准个性化服务等需求，以信息技术为主导、生物技术为引领，着力解决高端农业传感器受制于人、农业大数据及人工智能核心算法对外依存度高、农业机器人技术落后等短板问题，开展土壤-动植物-环境、信息与机器系统应用基础理论及技术研究，突破信息感知、大数据与云计算、农业物联网、农机装备智能设计、试验检测与智能调控等技术，开发面向大田、设施、果园、畜禽水产等领域的新型农业传感器及农业智能决策系统，显著提高主要农业产业的劳动生产率、资源利用率和土地产出率。③突破农用微生物工程菌的高密度发酵、牧草和传统饲料资源开发和精深增值加工、生物药物靶向输送和精准控释、高效堆肥和生物有机肥二次固体发酵和重大动物疫病新型诊断检测等关键技术，创制生物饲料添加剂、牧草添加剂、稳定性肥料、缓控释肥料、全元生物有机肥、新资源饲料、生物农药和生物调节剂等一批拥有自主知识产权的新产品，解决农业可持续发展面临的资源短缺、质量安全隐患和环境污染等重大问题。④突破农业高效用水、灌区次生盐渍化防控与生态修复技术、作物水土生境优化与旱涝灾害防控技术与产品、农田生物降解地膜及地膜污染控制技术与装备、低产田障碍因子消除与土壤改良产品，以及农田土壤重金属污染的植物修复技术及收获物安全处理技术等，创制一批有重大应用前景的农业节水和生态修复关键技术与产品，解决农业用水效率低下、土壤盐碱化和重金属污染等突出问题。

（三）发展资源节约与替代技术，促进农业绿色发展

我国是农业生产大国，推动农业绿色发展在促进人与自然和谐共生，以及积极稳妥推进“双碳”目标实现的实践中，肩负着十分重要而艰巨的任务。我国农业发展面临着耕地退化、生物灾害、水土资源约束、农业污染、食品安全风险等多重生态风险压力及“双碳”目标

压力，农业绿色转型发展势在必行，但难度很大，任务艰巨。要把发展绿色农业放在我国农业现代化转型升级的优先地位，加大农业绿色发展制度创新、政策创新。农业科技战略布局要由集约高产农业主导型向绿色低碳农业主导型转变，强化耕地保护与质量提升、农业面源污染防控、节水旱作农业、重大病虫害绿色防控、生物肥料农药、保护性耕作制与休耕轮作、循环农业与有机农业等农业绿色化科技创新，形成具有中国特色的绿色农业技术支撑体系和政策保障体系，全力构建减碳、增汇、绿色、优质的新型现代农业发展新格局，实现“绿水青山就是金山银山”。

重点研究方向如下：①开展关键功能微生物筛选、分子调控及微生物肥料开发研究，有机废弃物堆肥发酵及有机肥生产技术与装备研究，抗病、耐盐碱、污染修复等不同功能生物有机肥研制，有机-无机复混肥及复合肥生产技术与装备研究，用于沙化、盐碱等退化土壤改良的土壤调理剂研究与开发，用于无土栽培的各种有机基质研究与开发，各种液体肥料包括水溶肥、有机液肥、微生物液肥等的开发与研究，推进化肥减量和新型肥料使用。②挖掘利用作物植株体表体内的有益微生物，以重要作物病害为靶标，筛选有防病及促生功能的高效菌株，构建植物体微生态系防病虫及抗逆有益微生物资源库；利用获得的高效菌株开发生物农药新产品，建立环保型制剂加工技术体系。③开展非粮生物质原料育种和高产、高效生产，主要农作物秸秆、畜禽粪便收储运，秸秆炭化、固化、资源化开发，生物天然气、燃料乙醇、燃料丁醇、生物柴油等重大产品高效生产，生物基塑料、生物树脂材料等生物基新产品研发，提升生物经济发展能力，促进农业生物质资源化、能源化开发和实现链化生产。④构建农田复合生物循环、农牧循环、农菌循环及农牧沼循环等循环农业模式，实现经济效益最大化、物质投入高效率、废弃物全部循环利用、污染物和温室气体排放最低。

（四）拓展传统农业技术领域，构建大食物供给体系

树立大农业观、大食物观，推动粮经饲统筹、农林牧渔结合、种养加一体、三大产业融合发展，向耕地草原森林海洋、向植物动物微生物要热量、要蛋白，全方位、多途径开发食物资源。要不断拓展森林、草原、淡水湖、海洋、沙漠等非耕地，使其成为生产食物的理想场所，实施天然草原改良，进行草田轮作，发展林下种植、养殖，发展海洋牧场，开发盐碱地、荒漠化土地等，科学解决我国食物生产中的数量安全与质量安全的矛盾问题，保障国家食物安全。

重点研究方向如下：①发展合成生物、细胞工厂等未来食品生产技术，最大限度减少对环境、气候、自然资源的依赖，提高生产效率，增加食物产出，保障食物安全，实现可持续的食物供应；②大力发展新一代植物工厂、藻类工厂、细胞工厂、人工合成等新型食物生产方法，高效生产粮食、蔬菜、肉蛋奶、淀粉、油脂、蛋白质和功能性营养素等食品和组分；③积极发展和挖掘昆虫、可食花卉等食物新资源，从源头上提高食品原料的多元化和可持续性，保障食物供给。

（五）加强乡村关键技术研发，支撑乡村振兴战略

创新是乡村全面振兴的重要支撑。乡村产业振兴要着力做大做强已有的传统优势特色产业，因地制宜地引入和培育适合当地的新产业、新业态。乡村生态振兴要把握好“保护”与“建设”的关系，坚持“绿水青山就是金山银山”的理念，保护优先，因村制宜，量力而行，构建一个保护住绿水青山、留得住乡情、能体验到乡土特色的健康优美的现代村落生态系统。乡村人才振兴要把握好“愿意去”和“留得住”的关系，从制度上下功夫进行重大改革，既要推动人才愿意去乡村，更要注重人才留得住、用得上，强化乡村专业化人才培

养和专门化培训力度。乡村文化振兴是要处理好“守正”与“创新”的关系，要保护好、发挥好优秀的乡村文化瑰宝，积极发展优质健康新型乡村文化载体，引导农民树立社会主义核心价值观。乡村组织振兴是要把握好“强基础”和“添活力”的关系，打造坚强的农村基层党组织，着力打造制度完善、充满活力、农民信任的乡村质量组织新体系。

重点研究方向如下：①突破乡村产业、县域产业链供应链现代化急需的关键核心技术，构建乡村产业发展技术体系，加强农业科技社会化服务体系建设，建设创新型县（市）、创新型乡镇和科技示范村，培育新业态，壮大新产业；②开展村镇规划与乡村建设、乡村特色产业提升、农产品加工提质增效、农产品质量安全体系建设、宜居乡村、乡村污水处理与污染控制、乡村数字化与智慧服务等领域重大技术研究，形成“一村一品、一乡（县）一业”，推动乡村产业转型升级。

第四节　总 体 架 构

围绕食物安全、人民健康、生态安全、乡村振兴、绿色发展、高质量发展、共同富裕、产业发展等国家战略需求，把握基础研究、高新技术、战略产业、新的绿色革命、气候变化等国际趋势，筛选出关键技术、共性技术和跨领域技术，以及未来可能出现的突破性和颠覆性技术，提出农业领域工程科技重点任务、需要优先开展的基础研究方向、重大工程和重大工程科技项目，具体发展路线图如图 4-2 所示。

	至2025年	2026—2030年	2031—2035年	2036—2040年
需求	树立大食物观，全方位夯实粮食安全根基			
	发展“绿色农业”，促进人与自然和谐共生			
	发展农业产业，全面推进乡村振兴			
	推进农业核心关键技术攻关，实现农业科技自立自强			
	推动农业工程技术不断升级，助力中国式农业农村现代化，建设农业强国			

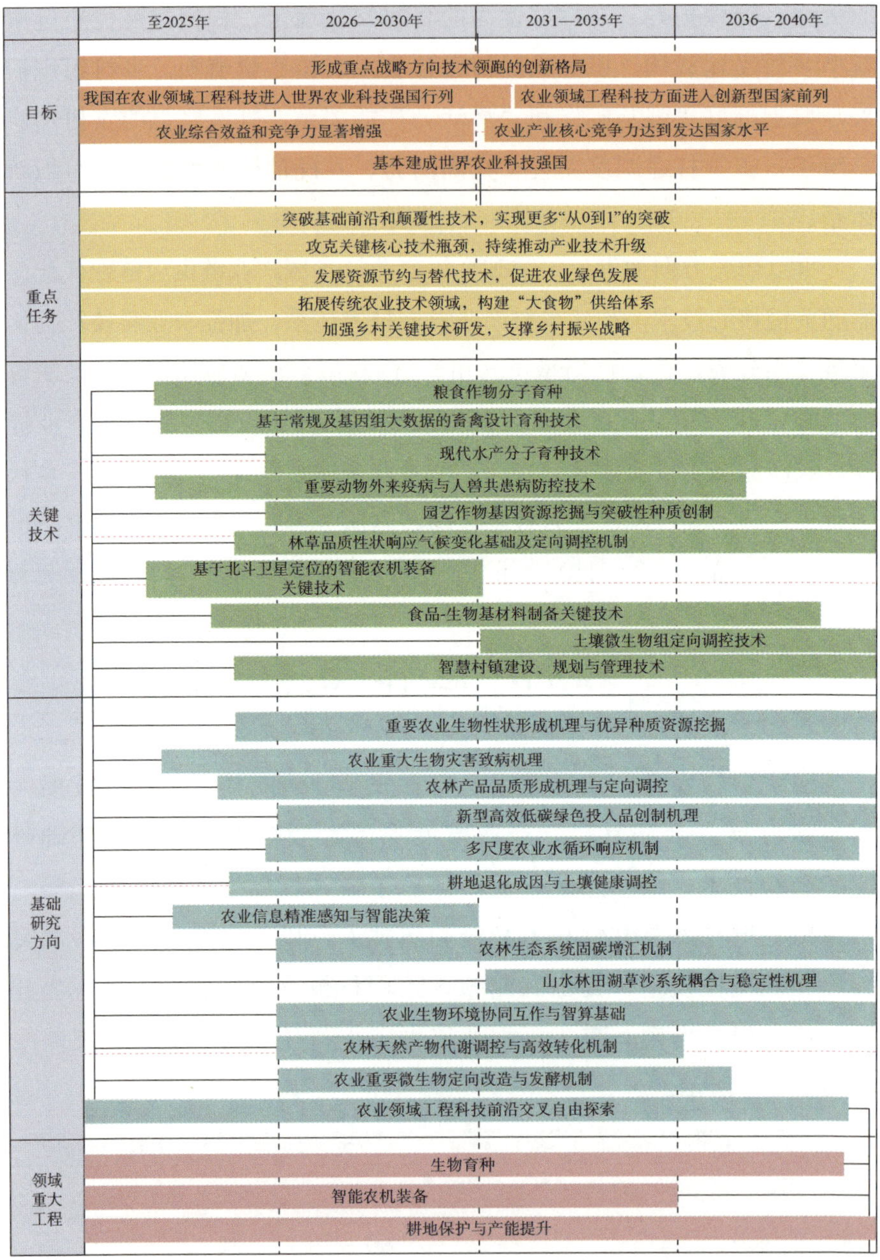

至2025年
2026—2030年
2031—2035年
2036—2040年
目标
形成重点战略方向技术领跑的创新格局
我国在农业领域工程科技进入世界农业科技强国行列
农业领域工程科技方面进入创新型国家前列
农业综合效益和竞争力显著增强
农业产业核心竞争力达到发达国家水平
基本建成世界农业科技强国
重点任务
突破基础前沿和颠覆性技术，实现更多“从0到1”的突破
攻克关键核心技术瓶颈，持续推动产业技术升级
发展资源节约与替代技术，促进农业绿色发展
拓展传统农业技术领域，构建“大食物”供给体系
加强乡村关键技术研发，支撑乡村振兴战略
关键技术
粮食作物分子育种
基于常规及基因组大数据的畜禽设计育种技术
现代水产分子育种技术
重要动物外来疫病与人兽共患病防控技术
园艺作物基因资源挖掘与突破性种质创制
林草品质性状响应气候变化基础及定向调控机制
基于北斗卫星定位的智能农机装备关键技术
食品-生物基材料制备关键技术
土壤微生物组定向调控技术
智慧村镇建设、规划与管理技术
基础研究方向
重要农业生物性状形成机理与优异种质资源挖掘
农业重大生物灾害致病机理
农林产品品质形成机理与定向调控
新型高效低碳绿色投入品创制机理
多尺度农业水循环响应机制
耕地退化成因与土壤健康调控
农业信息精准感知与智能决策
农林生态系统固碳增汇机制
山水林田湖草沙系统耦合与稳定性机理
农业生物环境协同互作与智算基础
农林天然产物代谢调控与高效转化机制
农业重要微生物定向改造与发酵机制
农业领域工程科技前沿交叉自由探索
领域重大工程
生物育种
智能农机装备
耕地保护与产能提升

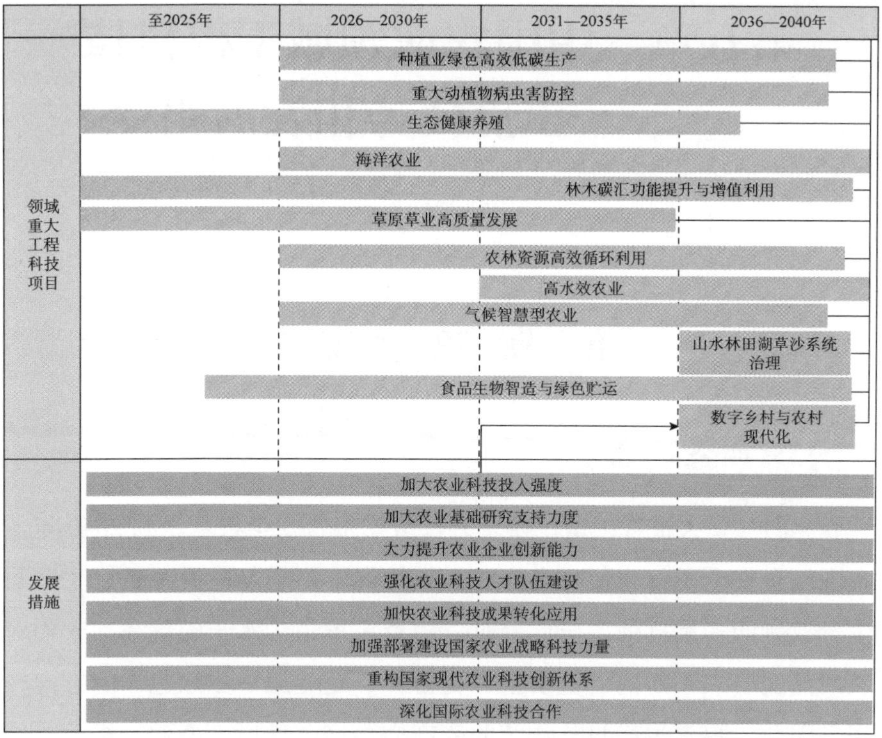

图 4-2　面向 2040 年的农业领域工程科技发展路线图

第五章　中国农业领域工程科技重点任务和发展路径

第一节　粮 食 安 全

一、需求

党的二十大报告强调，要全方位夯实粮食安全根基。到2040年，我国粮食安全不仅将面临高产与高效协同、产量与品质并重、生产与生态双赢的多重挑战，与此同时，随着人民生活水平的提高，人们对农产品的要求不断向“更安全、更营养、更健康、更绿色”的方向转变。因此，粮食生产将从传统的高产向高产、优质、高效、绿色、低碳、安全等多目标协同导向转型，粮食供给将从以谷物为重点的粮食安全观向大食物观转型。我国粮食生产的成本“地板”和价格“天花板”不断逼近，粮食生产的降本增效成为农户增收的关键突破口。预计到2040年，我国粮食生产经营体系将向形成以农户家庭经营为基础、合作与联合为纽带、社会化服务为支撑的立体式复合型现代农业经营体系转变，而现代智能化发展对于粮食生产也会提出更高要求，促进粮食生产向高效、智能、绿色化转变是我国粮食生产的必由之路，这些重大趋势对于未来我国粮食安全保障科技提出了更大的挑战、更高的要求。

二、目标

通过加强粮食安全科技创新与集成应用，构建有效保障人民对美好生活需要的大食物安全保障体系，作物实现绿色高效安全生产，预计到2040年，农作物良种化率达到98%以上，粮食单产年增长率保持在1%以上，支撑保障全国粮食产能上升到7亿t的新台阶。在粮食刚性需求总量大和消费结构多样化的背景下，实现农产品更安全、更营养、更健康、更绿色的生产方式，有效满足人民生活水平提高的多样化农产品消费需求。

三、重点任务

到2040年，围绕国家全方位夯实粮食安全根基的战略需求，粮食安全领域的重点科技任务包括以下方面。

（一）全方位提升粮食产业现代化科技支撑水平

针对我国粮食生产面积大、分布广、种植制度多样的国情，坚持良种、良田、良法、良机、良制“五良”融合，构建集机械化、精准化、绿色化、标准化为一体的现代粮食生产系统，使我国粮食产业链核心技术自给率和整体科技水平大幅度提升。

（二）加快现代种业科技强国建设

种子是“芯片”，是粮食安全根基之核心。面对我国生物种业自主安全的重大挑战，到2040年，要全力推进种业振兴行动，集中优势加速创制具有自主产权的生物新基因、新种质及战略性新品种，重视超高产、强优质新品种的开发，大幅度提高单位面积生产水平，不断提升我国生物种业的国际竞争力。

（三）夯实粮食安全科技创新平台基地支撑体系

在国家粮食生产功能区和重要农产品生产保护区，分区域、分类型、分作物建设国家农业科学长期观测站网络，形成类似于英国洛桑实验站和美国农业部试验站体系的国家农业科学“百年老店”；建设统一设计、高效运行、高效应用的国家农业科学大数据网络，为农业科学的基础原创性突破提供长期支持。

四、关键技术

到 2040 年，在粮食安全子领域，主要突破粮食作物智能分子育种技术，工程化育种在主要作物的新品种选育中广泛应用；突破重大病虫害防控、生产智慧管理技术以及绿色低碳技术，实现主要粮食全程机械化、智能化、绿色化生产，大幅提升粮食作物的综合生产能力。

（一）粮食作物智能分子育种技术

充分挖掘和创制优异基因和材料，建设国家级分子育种大数据系统，实现全国共享；以分子育种核心技术自主可控为目标，加强技术创新和专利保护；通过建设分子育种重大平台，重点攻克农作物品种遗传转化效率低下的难题，提高分子育种的效率；构筑产学研一体化新体系，培养分子育种全产业链，瞄准重大技术短板和国际前沿，构建自主可控的粮食作物智能分子育种技术体系。

（二）农作物有害生物智慧防控技术

合理利用监测预警、基因调控、生物生态调控、生物防治、物理控制等无害化技术，全面使用天敌昆虫、捕食螨、微生物农药、天然产物、绿色农药等低风险产品，全过程精细化管理农作物全生育期，做到自动化、标准化、信息化和低风险化，全面保障国家粮食安全和农产品质量安全。

（三）作物高产高效生产智慧管理技术

以良种、良田、良法、良机、良制“五良”融合为核心，通过布局优化、品种挖潜、种植制度、资源高效、生态安全、精准管理、服务创新等综合技术集成创新，构建作物生产机械化、规模化、信息化、标准化的现代综合技术体系和智能化农业生产管理信息系统及装备，显著提升我国粮食安全领域的现代产业科技支撑能力，提高国际竞争力和确保粮食安全。

（四）粮食生产碳中和适应性技术

重点开展抗逆品种选育技术、农业气象灾害监测预警技术、病虫害防治技术、水土保持与治理技术、温室气体减排与增汇技术、农业生物多样性保护技术、风险规避转移技术、适应决策与规划技术等创新，形成粮食主产区碳中和技术支撑体系。

五、发展路径

围绕国家保障粮食安全的重大战略需求，面向全方位提升粮食产业现代化科技支撑水平、加快现代种业强国建设、夯实粮食安全科技创新平台基地支撑体系三大任务，重点突破粮食作物智能分子育种技术、农作物有害生物智慧防控技术、作物高产高效生产智慧管理技术以及粮食生产碳中和适应性技术，实现主要粮食全程机械化、智能化、绿色化生产，大幅提升粮食作物的综合生产能力和碳中和贡献能力，加强与各类生产主体的紧密结合，促进更多实用有效的技术转化应用，大力支持各类新型经营主体粮食生产装备与条件现代化，让农民用最好的技术生产出最好的粮食，使我国生物种业国际竞争力持续增强，粮食产业链核心技术自给率大幅度提升，粮食安全工程科技现代化水平整体大幅度提升。具体发展路径见图 5-1。

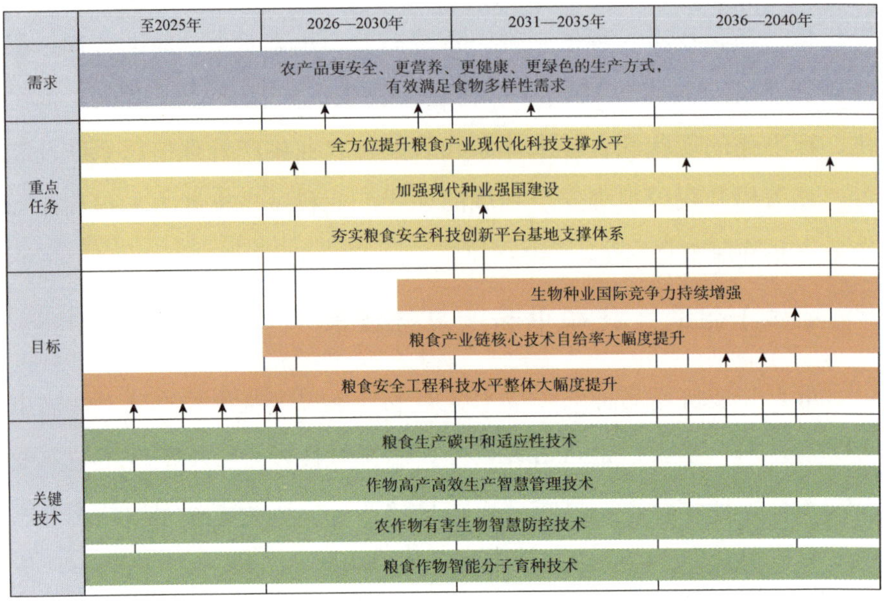

图5-1　面向2040年的粮食安全子领域工程科技发展路线图

第二节　畜牧工程

一、需求

在畜产品需求增量巨大、饲料资源短缺和生态环境压力威胁畜牧业可持续发展等背景下，满足未来我国城乡居民对畜产品安全供给的需求是我国未来畜牧业工程科技发展的重要任务。畜牧工程子领域需要解决的重大问题及其对工程科技的需求如下：畜禽良种高度依赖国外引进，动物种业国际竞争力弱，亟须强化育种科技创新；饲料资源严重短缺，亟须构建饲料资源高效利用技术体系，开发新型饲料资源；生产效率低，养殖成本高，污染严重，亟待完善降本增效和生态高效生产技术体系；畜产品质量安全问题依然突出，亟须建立安全生产技术体系。

二、目标

到2040年，在新品种培育、高效繁育、饲料资源开发、生态草原畜牧业、智能养殖等方面取得关键性突破；我国畜牧科技与产业整体水平跃居世界前列，畜牧业的科技进步贡献率达80%以上；核心种源自主培育品种自给率达到80%以上，市场占有率提高到70%以上，并且有部分品种出口到其他国家；蛋白饲料进口依存度降低到20%以下，基本实现蛋白饲料自主供给；实现环境自动控制、智能健康实时监测、高效智能精准养殖，智能化程度达90%以上，形成畜禽智能育种、智能生态放牧等新业态，构建完备的智慧畜牧业技术体系，我国畜牧业基本形成“科技、绿色、健康、高效”的可持续发展模式。

三、重点任务

到2040年，围绕“科技、绿色、健康、高效”的未来畜牧业发展目标，畜牧工程子领域的重点科技任务包括以下方面。

（一）加快畜禽种业自主创新

我国是畜产品生产和消费大国，畜禽良种是畜牧业发展的基础和关键。我国近80%的畜禽良种依赖国外引进，而且基本只能引进二流种质，母畜繁殖效率低下。面向2040年要加快提升畜禽种业的自主创新能力，完全改变育种和繁育关键技术和共性技术依赖于国外的局面，建立高效的畜禽新品种培育和良种繁育技术体系，选育出一批具有自主知识产权的优质、高产、抗逆畜禽新品种，提高我国核心种源自主品种的市场占有率。

（二）促进畜禽增效减排生产

针对我国畜牧业生产效率低、畜产品成本居高不下、饲料资源严重短缺、非粮资源利用不足、蛋白质原料过度依赖进口等问题，突破饲料粮紧缺和养分供给不精准的瓶颈，建立精细化饲喂工艺和畜禽健康管理智能系统，有效提高畜禽生产力，降低养殖成本，满足未来我国城乡居民对畜产品安全供给的需求。

（三）强化畜禽生产安全和生态绿色发展

我国畜牧业每年排放的化学需氧量（chemical oxygen demand，COD）为 1200 多万 t，畜牧生产环境污染问题严重压缩畜牧业的发展空间，且畜产品质量安全问题依然突出，国际竞争力低下。加强种养结合与畜禽排泄物循环利用、饲料与畜产品质量安全检测方法及装备、饲用抗生素替代技术与产品等研究，构建畜禽产品高质量绿色安全生产技术体系，保障我国食品质量安全。

（四）加强全产业链信息化建设

信息化已经是当今世界经济和社会发展的大趋势，发达国家在 20 世纪已建立健全畜牧数据采集和共享体系。畜牧产业的快速发展对现代信息技术有了越来越多的需求，特别是以大数据、云计算、人工智能为代表的新一代信息技术加快改造提升传统养殖业。加强研究构建满足养殖业数据存储管理需求的数据中心，建立统一的畜禽生产数据标准规范、畜禽智能养殖数据分析平台，统一行业内智能养殖建设规范，指引畜牧行业向智能化方向发展。

四、关键技术

（一）畜禽智能设计育种与新品种培育

重点开展复杂性状遗传调控网络构建技术、整合多组学大数据育种技术、关键性状调控网络解析与代谢通路重构技术、动物干细胞育种技术等关键技术创新，实现动物生物育种技术的突破，培育优质、高产畜禽新品种。开展母畜批次化生产精准调控技术、高效体外胚胎生产及保存技术等研究，建立畜禽高效繁育技术体系，提高良种繁殖效率。

（二）饲用大豆玉米减量替代与生物制造

通过蛋白质定向修饰、人工分子设计等合成生物学手段，开展酵母蛋白、新型一碳原料蛋白饲料、氨基酸等生物制造关键技术研究，创制替代大豆（豆粕）蛋白类生物饲料产品；通过菌酶协同发酵技术，高效利用秸秆、酒糟等工农业加工副产物，开发替代玉米的新型能量类饲料产品，突破饲料粮紧缺的瓶颈，实现饲料粮“自主可控”。

（三）畜禽产品高质量安全生产关键技术

利用合成生物学等技术，重点创制免疫防御肽、微生物制剂等抗生素替代产品，研发新型植物提取物和药食同源添加剂制备技术和工艺，创建畜禽抗生素替代产品生产与应用技术体系；研发饲料饲草及畜产品中危害因子、有机污染物等的精准检测智能化技术和配套装备，研发饲料饲草中生物毒素、内源性生物碱等有毒物质的精准识别和降解技术。

（四）精准营养与饲养的种养循环绿色养殖技术

补充完善饲料的营养价值、生物利用率等重要基础数据；解析畜禽营养代谢与肠道微生物组互作的网络机制，建立主要畜禽的精准营养供给动态模型；研究核心专用算法，创制动态模型控制的智能饲喂机器人；探明饲料中天然和环境源危害因子对畜禽健康的危害机制，建立畜禽健康感知与疫病预警预报模型；开发粪污分级沉降和高效利用技术；研究土地种养承载与粪污消纳能力的匹配关系、废弃物肥源关键养分均衡化处理与还田技术。

（五）畜禽新型智能高效养殖工艺技术

研究畜禽饲养、饲喂、饮水及粪污清除等养殖工艺方式对畜禽健康、生产和生理代谢的影响，开发配套工艺设施装备，研究软硬件的集成技术，研发智能养殖普适计算、可穿戴计算、智能识别、生物模型等配套设施及技术，整合形成成本可控的畜禽智能养殖方案；研发畜禽环境的多参数调控技术，研发配套环境调控软硬件系统，形成精准化、智能化多参数环境调控系统，研发畜禽舍多参数环境智能调控技术，建立畜禽养殖环境智能控制模型，实现畜禽全周期健康高效养殖。

五、发展路径

聚焦核心种源和饲料粮自主可控、畜牧业健康可持续发展和保障肉蛋奶等动物性食品有效供给的国家战略需求，面向加快畜禽种业自主创新、促进畜禽增效减排生产、强化畜禽生产安全和生态绿色发展、加强全产业链信息化建设四大任务，通过突破畜禽新型智能高效养殖工艺技术、精准营养与饲养的种养循环绿色养殖技术、畜禽产品高质量安全生产关键技术、饲用大豆玉米减量替代与生物制造、畜禽智能设计育种与新品种培育等核心关键技术，实现我国核心种源自给自足、蛋白饲料对外依存度显著下降、畜禽产品质量安全水平提升和畜禽新型智能高效养殖。具体发展路径见图5-2。

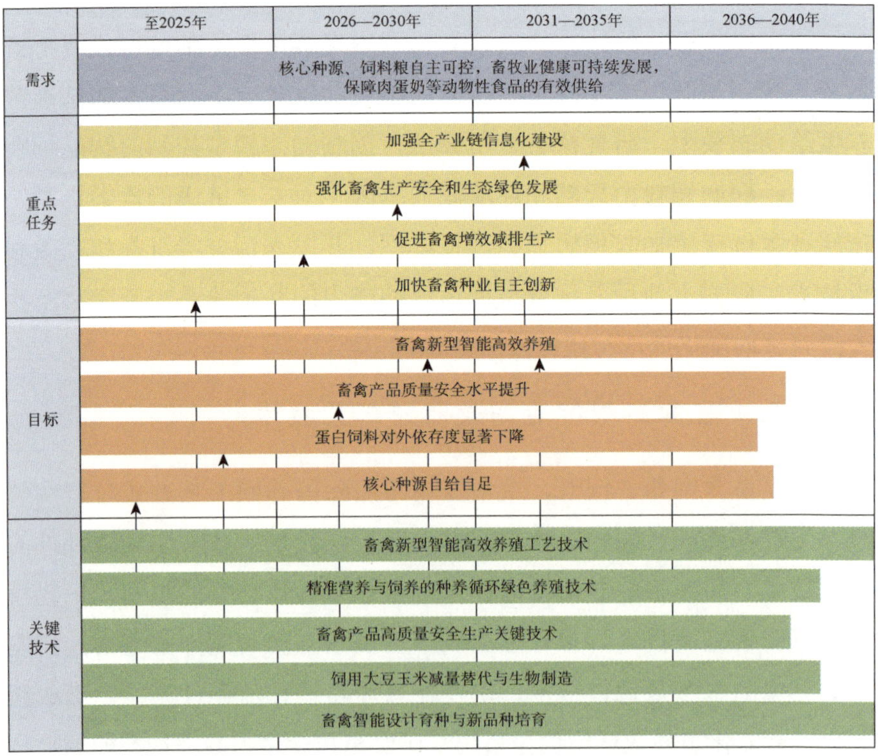

图5-2　面向2040年的畜牧工程子领域工程科技发展路线图

第三节　水 产 工 程

一、需求

我国是世界渔业大国，但不是渔业强国，仍存在水产种业不强、渔业资源衰退、设施设备落后、绿色发展动能不足、产业融合发展不充分、供给侧结构不合理等问题，根本原因是科技创新能力不强、科技产品供给不足，具体表现在以下方面：水产种业突破性的拳头型产品有待研发，水产养殖质量效益型生产模式有待创建，渔业捕捞强度精准化控制实施水平有待提高，水产品加工高新技术有效应用有待突破。重点需要围绕良种化推进种业提升、智能化引领产业升级、标准化带动绿色发展等目标，通过在水产种业、渔业装备、水产养殖、渔业捕捞等领域实施原始基础理论、重大共性技术和典型区域等方面的科技创新，构建精准育种、智能装备、精准探捕、绿色养殖、生态牧场等技术体系，实现现代渔业良种化、智能化、标准化，推进现代渔业转型升级。

二、目标

以优质蛋白高效供给、粮食安全战略保障和资源环境持续利用为目标，通过科技创新驱动产业发展新动能，构建具有国际竞争力的新型水产工程生产体系，实现“主养品种更优良、生产装备更智能、养殖技术更绿色”的目标，为保障水产优质蛋白供给，推进现代渔业转型升级，实现“产业优化、产地优美、产品优质”提供技术保障，使我国水产工程科技从“并跑”向“领跑”全面超越，推动我国从水产工程科技大国向强国迈进。到 2030 年，建立重要水产养殖生物基因组选择、基因编辑和分子设计等现代育种技术体系，实现重要性状遗传分析，使我国进入世界水产育种强国之列，水产原良种覆盖率达到

75%以上，水产遗传改良率达到60%以上，核心种源自给率达到85%以上，国家产地水产品兽药残留监测合格率达到99%以上，水产品加工率达到55%以上，水产养殖业机械化水平总体达到60%以上，科技进步贡献率达到70%以上。到2040年，水产原良种覆盖率达到85%以上，水产遗传改良率达到70%以上，核心种源自给率达到95%以上，国家产地水产品兽药残留监测合格率保持在99%以上，水产品加工率达到65%以上，水产养殖业机械化水平总体达到70%以上，科技进步贡献率达到75%以上，使我国进入世界水产养殖科技强国行列。

三、重点任务

针对水产品高效生产关键制约性问题，以精准育种、智能装备、精准探捕、绿色养殖、生态牧场等方向为引领，着力延伸现代渔业产业链，不断开发现代渔业新功能，持续推进水产工程科技现代化建设，抢占现代水产工程科技战略制高点，加快水产工程科技全面转型升级，使得渔业科技水平整体大幅提升，优势领域的国际竞争力持续增强，产业核心技术自给率大幅提升，不断提高渔业综合生产能力、抗风险能力和国际竞争力，形成保障我国水产品有效供给的渔业科技体系，实现渔业科技及产业全面跨越式发展。到2040年，水产工程子领域的重点科技任务包括以下方面。

（一）加强水产种质资源保藏与创新

建立完善水产生物种质资源活体库、标本库、细胞库和基因库，形成覆盖全国的水产生物遗传资源保存体系；开展水产生物种质资源收集和保存规范、水产生物重要性状表型和基因型精准鉴定、优异种质资源筛选等关键技术研究，全面解析水产生物经济性状的细胞学特征、基因组结构特征、遗传多样性等，建立水产生物核心种质的表型和基因型联合数据库，为种质创新和资源高效利用提供数据基础。

（二）突破水产生物精准育种与繁育技术

开展分子标记辅助、全基因组选择、基因编辑、分子设计、表观遗传辅助等育种技术研究，突破遗传基础解析、优异种质创制、高效制繁种等关键技术，建立现代水产育种技术体系；创制单性化、无肌间刺、抗逆境、品质优、市场竞争力强的突破性新品种，建立持续稳定的良种无特定病原种苗生产体系，完善集约化、工程化的新品种保育技术体系，实现新品种的产业化推广。

（三）开发绿色养殖技术与智能装备

突破养殖鱼类活体信息实时感知与解析技术，研发精准营养、品质控制、养殖环境调控、重大疫病防控、养殖模式创建等关键技术，研制水产养殖作业轻简化、工程化、机械化、精准化与智能化设施装备，深化物联网、区块链等技术在精准投喂、循环水处理、深远海养殖平台等领域的应用研究，构建节水、节地、节能、低碳的“三节一低”水产养殖新模式。

（四）研制远洋渔业新资源探捕技术与装备

面向南极磷虾、灯笼鱼等大宗生物资源，开发海、空、天一体化立体精准探查技术与装备，构建生态系统水平的资源评估模型，研发准确性高、反馈及时的渔场信息服务系统；研究大宗生物资源密度感知、捕捞作业全过程监控系统与智能识别技术，研制生态型高品质智能捕捞装备，构建全船一体化智能管控系统；研发大宗生物资源高值化加工技术与装备，建立高品质船载综合利用模式。

（五）发展生态渔业牧场与智慧渔场

解析生态牧场渔业资源可持续产出过程、种群衰退与恢复机理，突破资源总量与增殖容量评估、栖息生境营造、食物网调控、增殖放流、精准定向捕捞等关键技术，建立三产融合的生态渔业新模式；研究集约化养殖与环境适应机制，建立主养品种苗种规模化繁育、商品集约化养殖等技术体系，制定全程养殖工艺与操作规程，研发全过程智能养殖装备与管控系统，构建智慧渔场工业化养殖模式。

四、关键技术

（一）水产生物高通量表型性状测定技术

开展水下目标可视表型信息三维高通量观测技术研究，开发水产生物体型、体态、体色、寄生虫等系列化智能信息采集终端，开展实际育种过程中代表性水产生物的外观形态、颜色纹理、体质量等重要经济性状的表型信息自动获取与智能解析研究，建立面向池塘、陆基工厂化、网箱、围栏、工船等不同应用场景的表型性状观测平台系统。

（二）现代水产分子育种技术

优化水产生物基因组图谱绘制、全基因组关联分析等技术，开展基因编辑、基因敲减等基因功能验证技术研究，挖掘重要经济性状决定基因及调控元件，突破全基因组选择、基因编辑、RNA 干扰等核心技术；开发自主高效基因编辑器，建立高通量、高效率基因编辑育种技术体系；建立鱼类生殖干细胞的体外培养与诱导技术，突破性逆转控制技术与人工诱导早熟技术。

（三）深远海高效养殖设施与关键技术

研究养殖海域环境时空变动规律及其机制，查明环境条件和养殖方式对养殖对象生理行为的影响，研发环境友好型、适渔性好的轻量化大型养殖设施；突破陆海转运、应激消减、行为模式与识别管控、生物安保、环境丰容等关键技术，研制水质监测、鱼情巡检、网衣清洗、精准投喂、分级筛选、渔获起捕等智能养殖装备，搭建标准化福利养殖工艺体系，集成陆海接力养殖方式，创建全周期智慧养殖新兴模式。

五、发展路径

发挥科技创新的引领作用，通过设立科技专项，根据水产工程发展的新形势、新趋势，聚焦渔业新发展关键环节的科技问题和产业需求，突破渔业发展的关键技术和工程装备瓶颈，加快水产种业、渔业装备、水产养殖、渔业捕捞等新模式与新装备研发及发展，推动形成渔业新发展的理论技术体系和产业模式。根据渔业科学的发展趋势，围绕产业发展中的前瞻性、先导性、探索性前沿引领技术，创新以企业为主体的协同攻关机制，加强合作交流平台建设，为新理论、新技术创造更多的孵化平台，保障最新科技进展的快速扩展应用。具体发展路径见图 5-3。

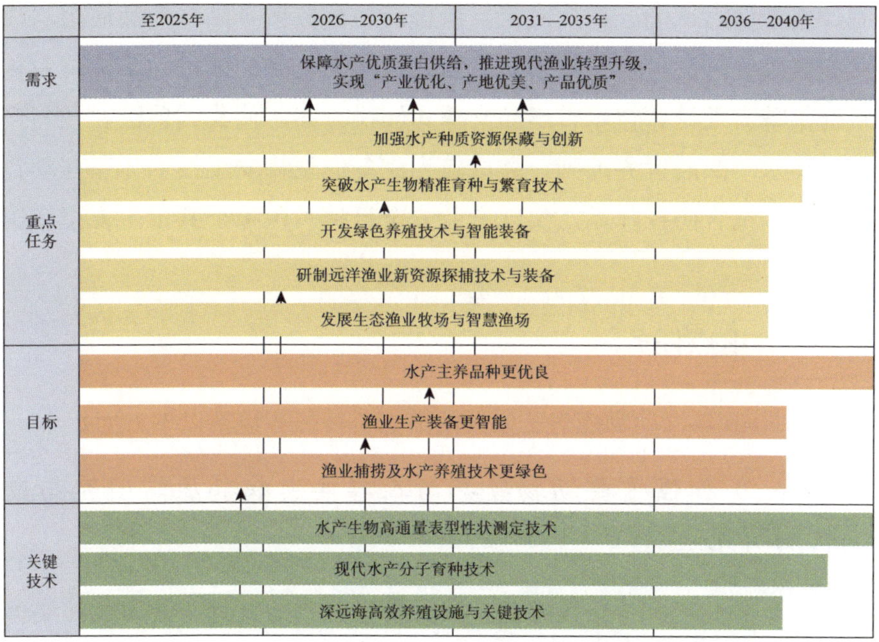

图 5-3　面向 2040 年的水产工程子领域工程科技发展路线图

第四节　动 物 疫 病

一、需求

动物疫病防控是防范畜牧业产业风险和防治人兽共患病的第一道

防线（国务院办公厅，2020），通过科技创新重点解决动物重要疫病的可防、可控、可治和全程防控绿色化的基础理论、关键技术、重大产品与装备等问题，为提升风险防范和综合防治能力，有计划地控制、净化、消灭严重危害畜牧业生产和人民群众健康安全的动物疫病及人兽共患病，为维护产业安全提供可靠支撑。

二、目标

以非洲猪瘟、动物流感、布鲁氏菌病等畜禽重大疫病与重要人兽共患病为主攻方向，在病原生态学与流行病学、病原生物学与致病机制、新型诊断试剂、新型疫苗、新兽药与替抗新产品、产品应用与净化和根除等关键科学与技术瓶颈问题上实现重点突破，为防控体系构筑提供重大理论、技术、产品支撑和解决方案，使我国兽医科技与产业整体水平跃居世界前列，建成较为完备的生物安全技术体系与动物重大疫病综合防控体系，实现产业安全目标，保障公共卫生安全和国家生物安全。

三、重点任务

到2040年，动物疫病子领域的重点科技任务包括以下方面。

（一）加强重要动物疫病与人兽共患病病原学研究与致病机制研究

聚焦非洲猪瘟、猪繁殖与呼吸综合征、猪流行性腹泻、鸡传染性支气管炎等严重危害养殖业的重要动物疫病，以及禽流感、结核病、布鲁氏菌病和弓形虫病等人兽共患病，探明病原生态学与流行病学特征，揭示病原遗传演化规律，解析病原基因的遗传变异与致病性、宿主嗜性改变的关系；研究重要病原的功能基因组学与编码蛋白的结构与功能；研究病原入侵与高效复制的机制；研究病原感染诱导免疫损伤、免疫抑制与免疫逃逸的分子机制；研究病原感染的宿主转录组、蛋白质组、代谢组及调控网络；研究病原在动物和人之间的传播途径、传播媒介，以及病原感染与传播的适应性演化机制；解析病原微生物跨宿主传播的机制，奠定动物疫病与人兽共患病生物安全防控的理论基础。

（二）强化重要动物病原菌耐药性形成与传播机制研究

聚焦重要动物病原菌，解析重要耐药表型的遗传基础；阐明新型耐药蛋白的结构与功能；探明新型耐药病原的适应性变化规律；揭示病原耐药与致病的关联及调控机制；揭示药物耐受对耐药性形成的关键作用；探明耐药病原与基因的持留机制；解析耐药菌/耐药基因的产生机制及其在不同生态位中跨宿主/介质传播的机制和驱动因素；揭示耐药基因在“动物—环境/食品—人群”中的流行分布与适应性变化规律；发展耐药菌/耐药基因传播的干预手段（孙康泰等，2020）；应用化学、微生物学和免疫学等前沿技术，开发新型检测技术；建立病原菌耐药性风险评估方法与模型，为动物病原菌耐药性监测与风险评估提供技术支撑。

（三）加强新型高效动物疫苗的创制

以重要动物微生物病原为研究对象，利用合成生物技术和新型脱氧核糖核酸（deoxyribonucleic acid，DNA）重组技术，探索病原体基因组体外快速合成组装以及目的基因的高效、快速编辑技术；构建基于反向疫苗学的疫苗抗原靶标筛选平台，使用结构生物学、生物信息学、免疫学等多学科交叉手段筛选和挖掘疫苗靶标，解析抗原与表位结构，探索节约畜禽生理潜力的抗原改造与疫苗设计新技术，对疫苗抗原免疫原性进行设计和优化，提升特异性免疫应答水平，探索免疫清除性疫苗研发新思路，创制精准亚单位疫苗、基因缺失疫苗、灭活疫苗、活载体疫苗、核酸疫苗等新型疫苗。挖掘和制备能显著增强免疫应答水平、延长免疫应答时间、提升抗原稳定性的新型高效疫苗佐剂与保护剂；研发新型油佐剂、水佐剂、纳米佐剂，筛选新型细胞因子、免疫增强因子等免疫增强剂，开发高效安全稳定的保护剂和稀释液。创制新型人工合成佐剂与疫苗投递系统，研发无针注射、淋浴、喷雾等疫苗投递新技术和新设备，减少免疫次数和频率，减少动物应激，研发多联多价疫苗创制技术，突破“一苗防多型（多价）”“一针防多病（多联）”的技术瓶颈。加强疫苗生产工艺关键技术研发，研究抗原的人工合成、高效表达和体外纯化新技术和新工艺，提升浓度和纯度；构建疫苗生产专用细胞系，研制高效稳定的培养基；优化升级病毒悬浮培养和细菌高密度发酵等关键技术。

（四）加快重要动物疫病防治药物与诊断产品创制

针对猪、禽、草食家畜、特种经济动物等动物的重要病毒病、细菌病、寄生虫病、中毒病、家畜繁殖障碍性疾病、应激综合征、营养代谢性疾病等畜禽群发病，开展抗菌、抗寄生虫、抗病毒的兽用抗生素原料药、兽用化学原料药、生物药物、兽药新制剂研究，研发新型药物递送系统、药物产业化生产关键技术、药物质量控制技术和安全评价技术、临床合理用药新技术。创制出一批安全高效、经济实用的新型兽药和兽用新制剂；研发治疗药物新产品，研究合理用药及综合防控技术。发掘特异性诊断标识，研发新型诊断制剂，开展疾病快速检测与诊断；研发适合养殖现场的快检技术和鉴别诊断技术与产品；研发实验室确诊的高特异性检测技术与产品；针对多血清型病原，研发血清分型和分子分型的技术与产品；研发用于免疫效果评价的高通量监测技术与产品。开展群体监测及预防治疗技术研发，创制防控新产品，并进行集成应用（张兆欣等，2023）。

（五）加大重要动物疫病绿色防治中兽医药现代化技术研发

针对猪、禽、草食家畜、特种经济动物等动物的重要病毒病、细菌病、寄生虫病、中毒病、家畜繁殖障碍性疾病、应激综合征、营养代谢性疾病等畜禽群发病，以中兽医药防治重大疾病、中兽医“治未病”、中兽药开发及质量控制三大领域为重点，针对动物疾病绿色防控与现代中兽药产品研发需求，从中兽医药理论传承与创新、中兽医药防治重大动物疾病、中兽医药国际化和民族兽医药传承与创新等四大任务，制定中兽医药防治动物重大疾病和疑难疾病的临床方案，开发一批中兽医药产品，加快中兽医药对动物疫病防控技术的现代提升（陈瑞爱，2023）。

四、关键技术

（一）重要动物疫病和新发病病原监测预警、综合防控与净化根除技术

针对未知的、新发的与变异的病原体，开发快速、精准、便携、高通量的筛查、诊断与检测技术。研发高灵敏、多靶标、自动化和数字化的下一代动物疫病快速检测技术，基于早期、快速、准确诊断与检测及定量风险分析的动物疫病监测预警技术，外来动物疫病的精准查验、智能监测预警及风险防范技术，以及传入风险分析技术，构建疫病预警模型；建立综合组学数据库，研发快速甄别病原和分子溯源技术与产品；建立覆盖养殖场、屠宰环节的食源性病原监测、预警与溯源体系，制定食源性疾病暴发应急预案。研究高效、便捷的病原消杀、阻断技术及规程，构建规模化养殖场生物安全技术体系，集成生物安全技术体系、诊断技术、流行病学，在种畜禽场、规模化场进行净化与根除技术的集成示范（中华人民共和国农业农村部，2021a），在主产区建立重大疫病区域净化与根除示范区，并在全国推广。

（二）重要动物疫病防治药物关键生产工艺技术

系统开展化药、中兽药、天然药物、生物药物等的研制，创制新兽药，研制新型动物用化药、中药、疫苗、疫苗佐剂与疫苗投递系

统，突破疫苗、化药、制剂、中兽药制备关键生产工艺，挖掘、筛选和开发针对不同畜禽品种的新型治疗与预防性兽药；发掘可药性靶点并解析其结构与工作机制，筛选天然来源活性产物及小分子化合物，开展基于靶标的新兽药分子的发现、设计和结构改造，解析靶点与小分子互作机制，研发原创性兽药。加快兽药药物剂型和制备技术的产业升级，开发新型制剂工艺、处方及产业化关键技术；筛选新型耐药抑制剂，开发新型复方制剂；研发临床合理用药新技术，解决兽药新剂型/新工艺的技术难点。

（三）重要病原耐药性控制与替抗产品创制技术

研发耐药性检测技术与产品，开发新型饲用抗生素替代品、新型消减耐药制剂，建立微囊化、纳米化等的新型药物精准递送体系，实现靶向递送，解析组合药物制剂增效减毒的分子机制，开发适合口服、吸入等的新型复方制剂，实现抗菌药物与活性单体复方等复方制剂的创制及应用（曾建国，2022）。建立药物生态毒理学和微生物毒理学评价等新方法、新技术，结合药理学、毒理学、靶动物安全性等系统试验，构建药物的风险性评估技术体系。

五、发展路径

逐步完善动物疫病防控基础设施和重大平台的建设，一批重大动物疫病的流行规律、发病与免疫机理将得到充分阐明，疫病防控理论及应用科技水平明显提高，一批高效的疫病防控技术产品将得到推广应用，我国重大动物疫病将得到有效控制；随着动物疫病预警体系平台的建立，再结合生物安全、诊断、疫苗等防控技术的集成使用，我国动物疫病综合防控技术体系将趋于完善，动物疫病综合防控能力将大幅提升，重大动物疫病和人兽共患病将得到有效控制，外来疫病传入风险进一步减弱（中华人民共和国农业农村部，2021b）。具体发展路径见图5-4。

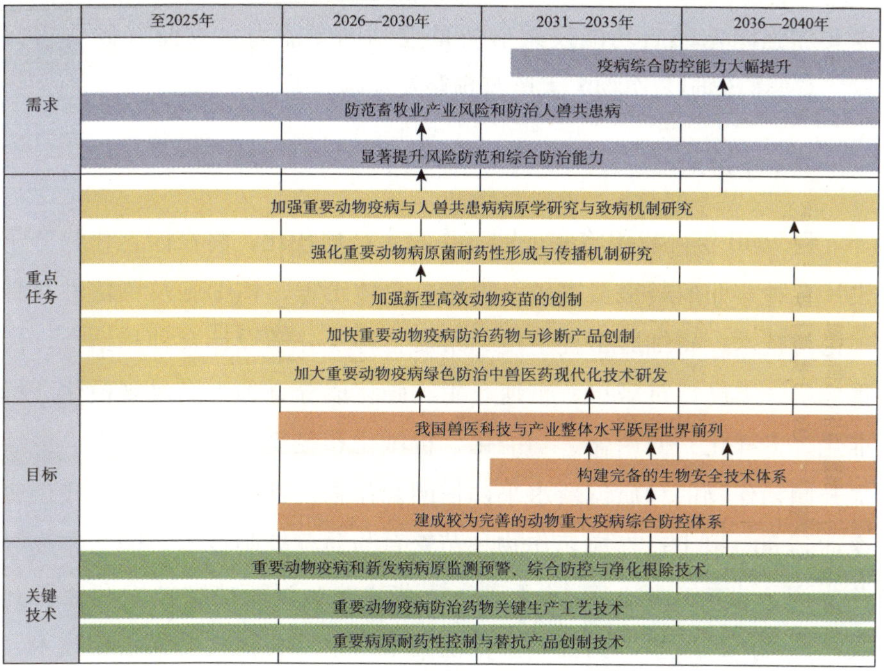

图 5-4　面向 2040 年的动物疫病子领域工程科技发展路线图

第五节　园 艺 工 程

一、需求

近年来，我国园艺发展取得了巨大成就，为保障国家粮食安全和“菜篮子”工程发挥了重要作用，是践行大食物观的重要组成部分（邓秀新，2017）。虽然我国是园艺大国，但并非园艺强国，在园艺产品需求增量巨大、从事劳动力短缺及极端天气灾害威胁等背景下，满足未来城乡居民对园艺产品安全供给及绿色生产的需求是我国园艺工程科技发展的重要任务（周杰等，2021）。园艺工程子领域需要解决的重大问题及工程科技需求如下：园艺种业的国际竞争力整体较弱，亟须促进设计育种科技创新能力的提升；园艺产业劳动力数量持续下降，需要构建绿色高效栽培及智慧园艺技术体系；食物消费需求不断升级，需要加强园艺品质功能及采后质量控制创新能力；农业气候灾害频发，需要构建园艺作物灾害监测预警及控制体系。

二、目标

到2040年，我国将实现园艺作物生产现代化，将在园艺作物分子设计育种方面取得重要突破；推进染色体工程、体细胞及单倍性育种理论与技术，将细胞工程手段、常规育种及分子设计育种相结合，注重优质、丰产、抗病虫、抗逆、生物强化成分育种，满足规模化、标准化、多样化、专用化、功能化、机械化和轻简化的生产需求；继续提升园艺作物的种质创新水平，使园艺作物优良核心品种的自我供应率达到80%以上；在园艺作物种苗繁育与质量控制技术，园艺作物绿色生产、设施栽培、环境及营养精准调控及智能控制技术和装备开发，园艺产品质量源头控制、低能耗采后预冷和现代流通物流技术，以及相关设施设备、园艺产品的生物功能强化及拓展等方面取得关键性突破；建立优质高效的园艺产业可持续发展体系，依托现代设施与管理系统的现代园艺比重达到60%以上，使园艺产业的科技进步贡献率达到80%以上；园艺产业劳动生产率较现有水平提高80%以上。我国将真正成为创新型园艺生产大国和产品及技术供给强国，实现园艺产业的品种多元化、布局区域化、技术标准化、产品优质化、应急快速化、生产现代化。

三、重点任务

到2040年，园艺工程子领域的重点科技任务包括以下方面。

（一）实现分子设计育种及主导品种优良化培育

面向种业自主创新的国家重大需求和重大科学问题，利用测序技术和生物信息学分析手段，完善园艺作物种质资源和基因资源的评价和持续利用方法；继续开展专用品种的育种技术平台建设，建立专用品种选育中重要性状的鉴定技术和标准，针对重要性状开展基因挖掘研究；结合组学和系统生物学研究方法，建立园艺作物基因高通量挖掘、品种分子设计、改良及筛选平台；重点突破一批重要园艺作物的基因编辑技术、单倍体育种技术及遗传转化技术瓶颈；在阐明调控园艺作物主要性状关键基因（如品质、生物与非生物胁迫等）的调控网络的基础上，将常规育种与细胞工程、分子设计、合成生物技术相结合，建立综合系统育种技术并创制优异种质，育成批量的高水平非同质新品种，实现品种定向专用培育和周期选择。

（二）加快园艺作物绿色高效栽培及智慧园艺技术研发

为突破园艺产业向优质高效升级转型的重大关键共性技术瓶颈，重点开展适于优势产区气候环境特点的品种生理特性、园艺作物资源高效利用、整体株型的生物学基础以及生理与分子机制研究，精密绘制不同种植制度、栽培模式下的植物发育对光、温、水、肥的需求与环境变化规律，结合人工智能化生产技术，全面实现与园艺作物生长过程相匹配的精准水肥及栽培管理技术，优化园艺作物轻简化绿色高效栽培和精准机械化生产关键技术体系；推进园艺作物砧木资源高效利用与嫁接生物学的互作机制；加强园艺产品安全生产、重大病虫害防控、环境清洁、土壤盐渍化控制等基础理论研究、关键技术突破和综合技术集成创新；构建植物工厂栽培条件下基于综合环境的园艺作物生长发育模型；探讨植物工厂特殊生境下植株地上与地下部分的生长发育特性及协同机制；研究植物工厂栽培条件下园艺作物功能性化合物累积与调控机制，推动园艺植物的智能化生产。

（三）突破作物品质形成及产品采后质量保持

重点开展园艺产品品质发育关键基因的鉴定、品质的形成调控、衰老调控机制和外界环境因子的作用机制研究，深刻解析不同园艺作物的品质形成和衰老内在机制；对标园艺产品贮藏需求和产品采后损耗，研发环保、低耗的园艺产品采后品质保持、贮运技术及配套装备，构建精准智能化、信息共享化的园艺产品采后商品化处理技术体系及物流配送体系。

（四）构建作物灾害监测预警及控制体系

根据园艺作物各主产区和优势产区的气候特征、环境特点和历年灾害发生规律，适时调整作物布局，改革种植制度；加大园艺作物生长发育与逆境障碍机制研究；加强园艺作物根际土壤微生物多样性研究与结构分析；重点系统收集和创制抗性资源，并对园艺作物重要病虫害抗性进行系统遗传分析、基因定位、克隆以及抗性机理的解析；发掘相应的抗性资源，研究抗性遗传的分子机理，培育抗性材料，为综合防治提供理论和材料支撑。

四、关键技术

（一）园艺作物分子设计育种与新品种高育技术

完善抗病虫、抗逆、鲜食、加工等专用园艺品种育种技术平台；健全专用品种选育中重要性状的鉴定技术和标准；规模化挖掘具有重要经济价值的优异基因资源，构建高效安全的基因编辑、遗传转化体系，以及单倍体创建技术，推进园艺作物多基因聚合分子设计育种的理论和方法体系；开展重要园艺作物的细胞工程育种，建立规模化培育方法，以获得抗逆、品质优良、具有特色功能成分等综合性状突出的园艺植物新品种；研究雌性系、基于单倍体的基因编辑、雄性不育、自交不亲和系，以及园艺作物远缘杂交障碍等杂交种子生产技术，建立新型高效园艺作物种质创新技术平台，突破常规育种技术瓶颈，培育出生产中急需的高产、优质、抗病虫、抗逆、专用突破性新种质。

（二）绿色作物高效栽培及智慧园艺生产技术

重点开展非耕地的高效利用技术、耐盐碱技术的研发；构建水资源高效利用及其水肥一体化关键技术体系；研发产地环境智能控制技术，环境友好型生产研制与利用技术，基于设施结构与材料优化的光、温资源高效利用技术，以及设施农业土壤资源可持续高效利用技术；研发适于非耕地园艺作物生产的高效低成本新型无土栽培基质；研发实施精确施肥、水资源和营养液循环利用的技术，设施园艺作物的标准化生产和绿色高效轻简化栽培技术，适合我国园艺设施特点的智能化、多功能、精准化作业装备，田园土壤健康保持与连作障碍控制关键技术，以及园艺产品安全生产及溯源检测和源头控制技术。

（三）园艺产品品质形成及质量保持技术

研发园艺产品品质关键基因鉴定技术及采后质量保持关键技术，包括园艺产品品质形成及采后品质保持的生物学基础及调控机制；研发保鲜处理、精选分级工艺技术，以及包装材料及包装技术；研发园艺产品劣变机制与品质保持技术；研发环保安全型保鲜剂、熏蒸技术与设备；研发节本增效型加工装备；构建园艺产品现代流通技术体系，重点研发园艺产品采后低能耗预冷、低温贮藏和气调贮藏技术。

五、发展路径

伴随着基础设施和重大科研平台的建设，园艺作物分子设计育种与新品种高育技术、绿色作物高效栽培及智慧园艺生产技术、园艺产品品质形成及质量保持等重大关键技术的突破，将使我国园艺产业良种覆盖率显著提高，并实现主导品种的规模化良种培育，构建形成覆盖全产业链的绿色生产标准化体系和智慧园艺技术体系。具体发展路径见图 5-5。

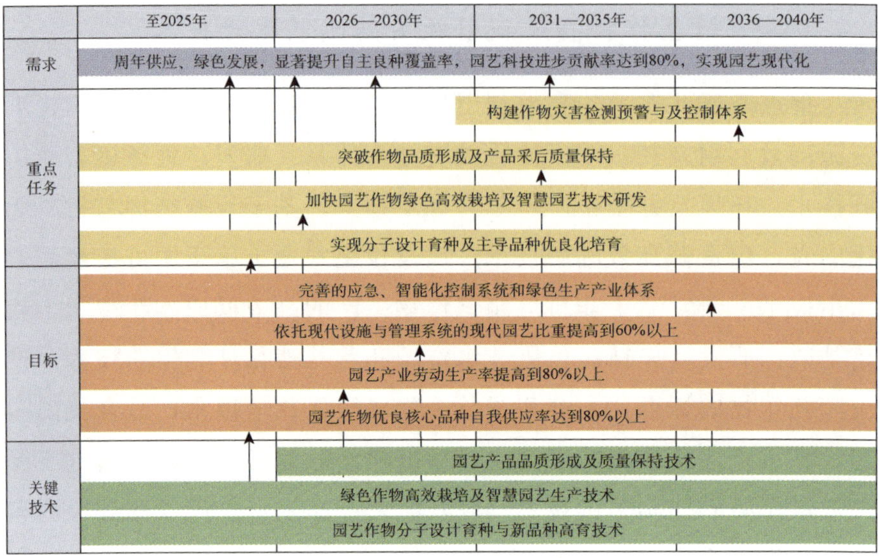

图 5-5　面向 2040 年的园艺工程子领域工程科技发展路线图

第六节　林草业与生态

一、需求

面对我国林草产业高质量发展进程中面临的高质量多样化林产品高效生产，生态系统多样性、稳定性、持续性有效提升，“双碳”目标稳定推进，以及资源绿色低碳智能化创制等需求和挑战，林草业与生态子领域需要强化林草种业育种科技源头攻关，培育性状突破性改良的林草新品种和良种，满足林业生态建设和产业发展的需求；加速构建森林生态系统多尺度适应性经营和生态系统保护修复及稳定性提升体系，实现森林质量精准提升与林草生态系统生态服务功效提高（刘世荣等，2015）；突破碳汇倍增理论技术，提升森林和草原碳汇能力，积极稳妥推进“双碳”目标；提升林草资源绿色智能制造能力，加快绿色高效智能化木质材料和制品创制，加速林草产业消费升级。

二、目标

围绕国家生态安全及“双碳”目标需求，集成林草种业、资源培育、生态工程及资源高效利用等技术链，构建现代林草创新技术体系。加强传统育种技术与现代生物技术的深度融合，突破种质资源高通量精准评价、全基因组选择育种等关键核心技术，提升林草种业科技自主创新能力；加强生态系统功能形成和维持机制研究，实现森林多功能协同精准提升，增强林草生态系统韧性；明晰森林生态系统固碳机制，创新森林生态系统经营技术，提升森林生态系统固碳增汇潜力；推动先进木质材料制造技术与信息化的深度融合，创制先进木质材料，提高制造效率和整体竞争力，满足我国长期保护天然林资源、增加绿色建材供给的绿色发展需求；到 2040 年，建成林草种业科技强国，林木良种使用率达到 90%以上，森林蓄积量增加 20%以上，林草生态功能提升 25%以上，林业生产能耗降低 30%以上，林业资源利用效率提高 30%以上，林业科技进步贡献率达到 75%以上。

三、重点任务

到 2040 年，林草业与生态子领域的重点科技任务包括以下方面。

（一）强化林草资源供给体系建设

加强林草资源培育技术研究，集中优势加速林草种业、森林资源定向培育等基础理论与关键技术研究，培育重大应用前景性状突破性改良的高质量多样化新品种，显著提升林草资源培育的科技创新能力和竞争力，不断强化林草资源供给体系建设。

（二）提升生态安全保障能力

围绕践行人与自然和谐共生的理念，积极稳妥推进“双碳”远景目标，持续加强生态系统的形成与演变机制、生物多样性稳定维持机制、生态系统碳汇潜力及其驱动机制等基础研究，着力攻克重点区域林草资源保护与修复、生态系统精准固碳增汇、森林多功能协同精准提升等关键技术，实现森林质量精准提升和生态服务功能增强，全面提升生态安全保障能力。

（三）加速构建林草产品绿色制造技术体系

加强林草资源高效利用技术研究，支撑绿色发展；重点开展木材工业绿色发展、林产化工低碳发展、林业装备智能制造等基础理论与关键技术研究，创新优质、低耗、先进林产品制造技术，全面提升林产品绿色智能制造水平，产业链上下游专业化分工协作，实现生产过程绿色清洁化、关键装备智能化、产品多元联产高值化，建立林产品绿色制造技术体系，形成绿色低碳循环发展形态。

四、关键技术

（一）林草表型组高通量大数据提取与分析技术

重点开展林草多表型性状时空连续监测数据获取，研究基于无人机、陆基多源传感器等的林木多年多点多地形连续表型监测技术，高效获取多时相多源遥感的林木多表型性状指标数据，搭建多尺度林草高通量表型监测平台（胡伟娟等，2019）。构建耦合多类型传感器搭载平台，监测和分析林草器官、个体和群体多层次的林木立体三维结构和光谱信息，拓宽林草表型监测的时空维度，提升林草表型性状数据的获取效率，开发林木表型图像分析和数据解析方法（程超华等，2020）。研发和优化图像分割、噪声移除、三维重建、光谱预测等算法，结合机器学习、深度学习和人工智能进行图像分类识别和特征提取，从多维度数据中集中准确提取具有生物学意义的表型参数和特征，实现表型性状精准鉴定，提高林木育种效率；确立重要草种优异性状的精细鉴定技术和标准；挖掘具有重要利用价值的优异基因资源，构建重要性状遗传调控网络；整合多组学数据，推进高效安全的全基因组选择、遗传转化、基因编辑等关键技术创新；建立新型高效分子设计育种技术平台，定向培育出高产、优质、抗逆的突破性林草品种。

（二）森林多尺度适应性经营与生产力提升技术

重点开展森林生产力形成机制研究，针对我国的主要森林生态系统开展结构和功能关系研究，厘清森林生态系统稳定性、生物多样性与功能的相互作用与反馈关系，破解不同森林类型产量增长的差异化机理，评估并预测森林生产力变化趋势，提出森林可持续经营策略，揭示经营管理模式对森林生产力的影响机制。研究不同经营管理模式对森林环境、种间种内互作关系的作用，揭示关键结构要素调控对林木生长的影响机制，构建多功能目标下森林结构调控技术和森林生态系统修复技术及生产力提升技术体系，以及人工林质量提升的混交林营造技术体系。开展我国主要人工用材林混交生物学及生理生态学机理研究，探索不同树种混交配置方式对人工林生产力和质量提升的影响机制，构建我国主要人工用材林树种混交林营造技术体系。研发森林生态系统多尺度适应性经营管理模式，在区域、景观、小班和林分尺度上构建森林连续调查、规划、监测、评估和调控技术体系，形成适用于我国类型多样的森林生态系统的多尺度适应性经营管理循环系统，从而实现森林生态系统可持续发展（刘世荣等，2015）。

（三）林草生物质全组分高效分离和绿色重组技术

重点开展林草生物质纤维素、木质素、半纤维素等组分精准分离分子结构组成特性与修饰转化、解聚重组及可控功能化、计算机及人工智能辅助、高精度 3D 打印重组等高效资源利用技术研究，开发功能化学品与材料等高值化产品，引领战略性新材料产业发展。重点开展生物质热化学低碳转化、碳源定向转化与调控、热炭联产化学品、加氢异构化协同、生物质碳高效捕集等关键技术研究，创制储能、催化、吸附、土壤修复等新型功能碳材料，以及生物质航空液体燃料、醇类燃料、生物燃气等低碳产品及高值平台化合物，形成万吨级以上高品质生物质液体燃料、生物质热炭联产技术的工程化技术，助力生物质能源与碳材料产业发展。开展林木生物质提取物精深化、功能化技术研究，探索和发现林源新型生物活性成分，解析其生物合成机制、反应性质与生物学功效；基于多组学联用系统解译林源次生代谢活性物的生物合成途径与代谢调控机制，建立高效的制备及仿生合成方法，解决林源活性物代谢调控、分子修饰和仿生合成等重大科技问题，推动林草生物质资源与大健康产业融合式发展。

（四）草原生态功能系统修复与提升技术

重点开展草原生态系统实时精准监测与评估体系研究，应用地理信息系统及空间信息技术，即时获取空天地高通量草原生态资源精准监测数据，建立整合人工智能等技术的分区分类动态监测分析模式，并通过虚拟现实等技术，对草原生态系统的构成要素进行实时场景化监控和智能化精准评估，探究气候-土地-生物耦合调控草原生态系统多功能性及其维持机制。从化学信息交流、碳氮磷元素循环及生物能量传递与转换等多角度解析草原生态系统生产、生态与服务等多功能形成与维持过程中不同形态能量的吸收、储存、转移、转化、利用过程与调控机制，探明植物-土壤-环境互作生物学与生态学过程，构建草原退化多元信息整合精准诊断与防控技术平台。应用元素快速检测和分子探针技术，按期对不同草原斑块进行抽样并诊断植被营养动态平衡、病害侵染等情况，测定土壤pH、酶活性、养分有效性等与草原退化相关的指标，整合不同类型的退化草原信息并建立草原生态修复大数据平台；完善草原退化感知信息技术体系，优化退化草原适应性精准修复技术体系。挖掘与草原退化相关的光、温、水、气等气候要素，植物-微生物等功能性生物化学元素，以及土壤类型、结构与营养等土壤理化要素，构建草原退化指示性多源信息感知与传递网络技术体系，建立集营养元素精准补给、草种合理化配置补播、病虫害生物防控、土壤平衡调理等于一体的退化草原适应性精准修复技术体系。

（五）森林生态系统多功能协同提升技术

重点开展森林生态系统稳定性形成机制研究，研究极端气候变化对森林生态系统的动态影响，阐明森林生态系统稳定性的内在调控机制；利用大型野外试验平台和模拟试验，研究极端气候条件下不同类群（植物、土壤微生物）生物多样性的响应机制，分析森林生态系统关键过程的驱动因素，阐明森林生态系统响应外界极端环境变化的生态学机理，构建森林生态系统功能稳定性增强经营技术体系。预测未来环境变化背景下森林生态系统的敏感性、弹性和恢复潜力；研究不同物种对极端气候变化的响应和适应程度，提出增强森林生态系统功能稳定性的森林经营技术，创立森林生态系统功能形成机制研究平台。建成典型森林生态系统功能样地监测系统及森林生态系统功能数据库；开发基于森林生态系统多功能性的天然林保护修复生态目标构建、保护修复分区、质量评价技术；构建典型森林生态系统保护修复关键技术和稳定性提升技术体系。

五、发展路径

围绕 2040 年建立高水平国家林草科技创新体系的目标，加强林木基因工程育种研究，提升森林资源培育与可持续经营技术水平，促进林草生态系统质量提升及生态服务功能提质，促进先进林产品创新以满足绿色低碳发展需求，重点开展林木表型组高通量大数据提取分析、森林多尺度适应性经营与生产力提升、林草生态修复与生态-生产功能协同提升、木制品智能联控、林木生物质全组分高效分离和绿色重组、农林剩余物高值低碳转化等关键核心技术研究；全面引领林草科技的跨越式发展，构建新时代具有中国特色的林草科技创新技术体系，加快推进林草业与生态子领域工程科技创新。具体发展路径见图 5-6。

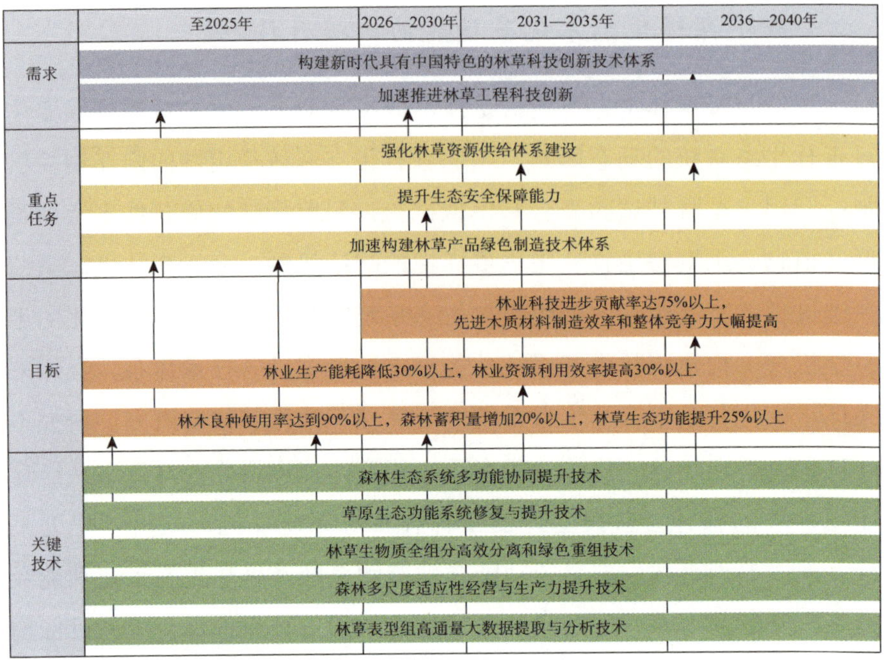

图 5-6　面向 2040 年的林草业与生态子领域工程科技发展路线图

第七节　农 业 工 程

一、需求

农业工程装备是提高土地产出率、劳动生产率、资源利用率的重要物质基础，也是转变农业发展方式、促进农业增产增效、提高农村生产力的关键。到 2040 年，随着农业科技革命和产业变革持续演进，农业工程科技将呈现出智能高效、绿色生态、可持续发展的态势，也将面临劳动生产潜力不足、受资源环境约束、受全球气候变化影响等制约和挑战；同时，保障国家粮食安全，贯彻大食物观，推进种业振兴，打赢关键核心技术攻坚战，建设农业强国，以及全面推进乡村振兴，对推进全程全面农业机械化、补齐农机装备短板、提升农机装备研发应用水平、建设智慧农业等农业工程科技创新提出了更高更新的要求，迫切需要加大力度推进原创性、引领性、变革性和颠覆性农业工程技术及装备创新发展，发展新一代农业装备技术及产品，构建“实时感知、智能控制、精准作业、智慧服务”的绿色、智能、高效的农业生产技术体系，大幅度提高农业生产效益和质量。

二、目标

面向保障国家粮食安全、全面推进乡村振兴、建设农业强国等重大需求，立足产业基础高端化、产业链现代化，发展新一代农业装备技术及产品，构建高效、绿色、可持续的现代农业工程体系，实现技术产品自主化、作业装备智能化、全程全面机械化、生产管理智慧化，支撑和引领现代农业变革和未来产业发展。到2040年，具有中国特色的智能化农业机械化体系基本形成，我国主要农作物耕种收综合机械化率达到90%左右，丘陵山区主要农作物耕种收综合机械化率达到80%左右，水产和畜牧养殖产业基本实现机械化，农业生产数字化水平达到60%以上，水肥种药利用率达到国际先进水平。以智能装备为主导的新一代农业装备产品格局基本形成，关键核心技术和零部件基本实现自主可控，国产农业装备市场满足能力达到95%以上，构建未来发展领先技术优势，使我国进入农业装备强国行列。

三、重点任务

到2040年，农业工程子领域的重点科技任务包括以下方面。

（一）构建现代农业工程理论和技术体系

加快农业工程基础理论创新，围绕智慧农业、数字农业等应用场景，研究农业生产环境与动植物生命信息感知理论，以及农产品品质及质量安全感知理论；研究生物-环境-机器互作基础及农业装备创新设计理论；探究智慧生产知识体系深度融合和技术装备高效联通规律；揭示多尺度农业水循环对变化环境的响应与调控机理、土壤养分循环与调控机理、气候变化对农业生产的影响机理；揭示土壤-作物养分运转过程、作物生长发育过程的信息探测与定量解析机理；揭示畜禽动物在不同生长阶段和生理状态下的健康、营养状况及环境对生长情况的影响规律，研究动植物表型基础理论。突破农业传感材料研制、生命环境信息感知与复杂模态识别、高通量动植物表型精准获取、农机装备群体智能与分布控制、农业信息先进感知技术和农业传感器、粮食低损收获与减损干燥、智能农业机器人等关键技术，创建农机装备全生命周期孪生模型、农机生产作业智能模式和动植物高效低碳生态种养模式，支撑现代农业生产管理和智能决策，实现农业信息的实时感知和生产的实时调控。

（二）加快发展新一代智能农业装备

面向大田农业及设施种植生产全程全面机械化、数字化和智能化发展需求，推进农机与农艺融合、装备与信息融合，发展高效、绿色、智能的育耕种管收作业新装备与新设施，发展新一代智能农业装备。面向农业水资源高效利用和耕地提质的需求，发展智能型节水灌溉技术与装备，建设农田基础地力、灌溉排水、防灾减灾、科研平台等设施及其他配套设施等，建立包括粮食主产区周年高产高效耕地土壤质量与肥力提升、新型肥料研制与高效施肥、现代节水农业关键技术和新型节水设备的粮食高产与水、肥、耕地资源高效利用及协调发展的技术体系。面向畜牧及水产领域绿色健康发展的需求，推进养殖与装备、信息、生物技术融合，重点发展设施环境精准调控、畜禽生命生态信息感知、畜禽生长发育智能调控、废弃物综合化利用等技术及装备。面向智慧农业生产需求，重点发展支撑精准农业信息获取、诊断决策和变量实施的重大智能装备及技术产品，建立面向农业资源与生态环境监测、农牧业精细生产管理、农产品与食品质量安全控制等方面的智慧农业系统。

（三）建立完善、高效、绿色的智能农业生产技术体系

从基础研究、共性技术开发、产品研发到产业化的创新链，从元器件、零部件、整机到应用的产业链，以及从设计开发、产品制造到市场及品牌的价值链，全链条及体系化已经成为创新能力和竞争力的关键核心。要着力推进创新链协同，形成从基础理论研究、关键技术研发、软硬件产品设计到产品生产制造等的农业工程技术创新体系；要着力打通产业链上中下游，推进产学研用深度融合，统筹龙头企业培育、人才培养、基地建设和国际合作，发展智能装备和智慧农业产业体系；要着力推进农业工程数字化和数字产业化，发挥农业生产全流程、全要素、全产业链的数据支撑高效智能生产的优势，加快智慧农业软硬件产品由研发到转化，构筑以无人农场、无人渔场、无人牧场、植物工厂等为基础的智慧种养技术体系，形成具有高度智能化水平的农业生产决策管理与服务体系，建立并完善智慧农业标准体系，形成智慧农业生产技术体系。

四、关键技术

（一）智能农机装备与无人作业系统关键技术

大力发展智能农机装备与无人作业系统关键技术，加强应用基础、薄弱环节关键技术、区域机械化技术集成与示范等方面的研究，攻克农业信息智能感知与识别技术与装备方面的难题。探索完善的智能农机装备设计理论及技术，研发具有自主知识产权的农机装备智能制造技术。突破精细整地、高速栽植、精量播种、定位除草、节水灌溉、精准施肥施药、减损收获等智能型技术瓶颈，研制耕种管收生产高效绿色智能作业装备。在农业大数据和物联网的支持下，研发由专业化物联网管控的智能农机作业技术体系。重点研发种植/养殖农业生产作业机器人和农业自主作业系统，实现农业生产无人化/少人化。

（二）绿色低能耗智能型节水灌溉技术与装备

研发基于作物需水的精准灌溉、低压陶瓷根灌、水肥药一体化施用等技术，开发节水灌溉灌水器、与作物耐打击力相匹配的灌溉喷头、喷肥和喷药用的雾化喷头、移动式灌溉和施肥装置的行走控制系统、太阳能驱动的行走系统、节水滴灌系统、水肥一体化施用系统及大型智能节水灌溉机组等，实现水肥药精准高效施用。

（三）设施农业工程技术

突破设施生物-健康环境-设施装备互作规律的基础理论难题，重点推进设施畜禽、设施园艺、设施水产等健康生产与环境友好型新模式、新型加工工艺与智能化成套装备研发。研发设施智能环控、智能巡检、信息智能采集、种植/养殖质量调控、无害化处理、节能减排等关键技术与智能化小型化工程产品，构建智能化植物工厂高效生产技术体系，以及满足畜禽健康生产适宜环境需求的智能化精准环境调控设备体系。

（四）农业智能精准感知与专用传感器技术与装备

研究农业专用传感器核心感知元器件、专用芯片、生命环境信息解析方法等新技术、新机理和新方法；基本实现高精度农业传感器关键核心技术自主可控；重点研发微型化、智能化和可移动化的农业传感器，开发传感器制作新原理和新材料。

五、发展路径

紧紧围绕农业“高产、高效、精准、智能、生态、安全”的发展需求，以智能装备、农业物联网、大数据、人工智能、机器人为优先主题，开展先进传感器、智能信息处理与智能决策模型、动植物表型、智能制造和智能作业等关键技术和前沿技术攻关。至2030年，揭示土壤-机器-作物系统以及环境-装备设施-动物系统的个体/群体关键因子的互作影响规律，以及系统节本增效、降耗环保优化匹配机制、信息传感与识别技术和农业生产精准调控的方法，显著提升农业智能化原始创新能力。至 2040 年，构建满足智慧农业生产需求的精准作业平台和智能化作业管理系统，实现动植物生产全过程智能化、经营电子商务化、管理决策科学化，构建机械化、设施化、智能化和信息化深度融合的智慧农业生产体系、经营体系和产业体系。具体发展路径见图 5-7。

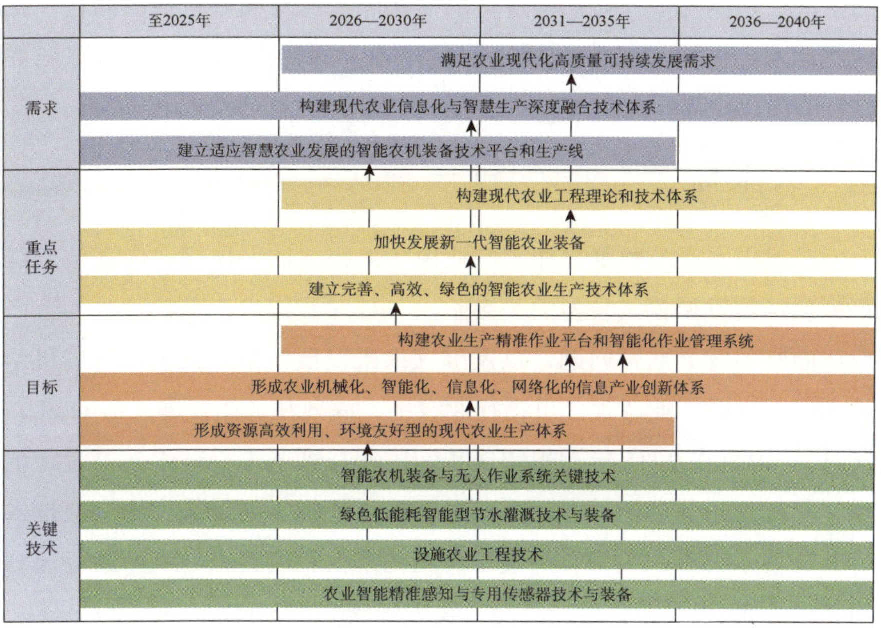

图 5-7　面向 2040 年的农业工程子领域工程科技发展路线图

第八节　农产品贮藏与加工

一、需求

农产品贮藏与加工是现代农业产业链延伸增值的重要环节。在国际上，美国、日本、欧洲等发达国家和地区在农产品贮藏与加工子领域的重大科技需求主要包括食品营养影响人类健康的机制、食品安全防控技术、新型农产品开发技术及农产品与环境可持续发展策略等（Hassoun et al.，2023）。针对我国农产品贮藏与加工产业所面临的发展瓶颈问题，以及引领未来发展的重大需求，通过科学技术创新突破产业瓶颈，引领行业绿色、高效和低碳发展。突破生鲜农产品绿色防腐保鲜、农产品质量与安全主动防控、农产品生物加工与综合利用、农产品绿色智能化和智慧化加工、农产品（食品）营养与人类健康等农产品贮藏与加工等关键技术瓶颈，实现高质量、有营养和个性化食品的生产，以满足多样化消费群体的需求和人民对美好生活的向往，推动我国农产贮藏与加工领域工程科技由“跟跑”到“领跑与跟跑并存”的历史跨越。

二、目标

在我国农产品贮藏与加工产业由相对粗放的发展模式向高效、绿色、循环的发展模式转型的关键阶段，针对我国农产品贮藏与加工产业所面临的发展瓶颈问题，以及引领未来发展的重大需求，通过科学技术创新突破产业瓶颈，引领行业绿色、高效和低碳发展（Li et al., 2021）。力争在2035年初步实现基因工程与细胞工程技术、果蔬绿色保鲜基础理论与调控技术、农产品绿色高效加工与低碳生物制造技术等共性技术突破；关键食品装备自主化率大幅度提升，农产品资源利用率提高5%以上，每吨产品能耗及碳排放减少5%以上。到2040年，通过新技术的大规模运用，现有农产品资源利用率提高10%以上，关键加工用酶和微生物的自主化率达到50%以上，农产品加工利用率提升至95%以上，农产品加工损失率降低至3%以下，并减少能耗和碳排放10%以上；重点关键技术和共性技术达到同期国际领先或先进水平，关键食品装备自主化率提升至85%以上，彻底改变我国食品高端装备和关键装备依赖进口的局面。

三、重点任务

到2040年，农产品贮藏与加工子领域的重点科技任务包括以下方面。

（一）构建农产品质量与安全主动防控技术体系

研究精准化无公害农业，开发地理信息系统、全球定位系统和计算机自动控制系统，对农产品生产过程中的耕地质量、农灌水、畜禽养殖环境、渔业养殖水域、农区空气、工业废弃物污染等环节进行精准管理；研究建立计算机模拟模型，用计算机自动控制系统从源头上对农产品质量进行实时监测和主动控制；研究开发畜禽养殖添加剂的全程生物可控技术，发展以现代微生物发酵工程为基础的生物农药生产技术，实现饲料生产和农产品病虫害综合防治的环保化和健康化；研究开发高效生物选择性传感检测技术，以及复杂混合体中污染物的选择性、智能化和高速化检测。

（二）加强食品营养物质的基因编辑和合成生物学研究

研究不同食品微生物中的高效基因编辑技术，解析微生物关键基因和代谢途径及功能产物的合成机制；采用多组学的手段研究食品中附加值高、营养价值高、市场前景广阔的功能因子的未知合成路径及调控机制。通过多组学策略、基因共表达技术、同位素标记法和基因工程等方法，发掘与代谢相关的潜在功能基因及转录因子，揭示高效细胞工厂的构建理论基础；挖掘更多食品功能因子的合成途径和关键调节基因，构建多种模块的功能元件，开发多种新型底盘细胞，如黑曲霉、地衣芽孢杆菌等，并以此为基础构建高效的工程菌株。

（三）研发农产品生物加工技术与装备

基于酶工程、分子生物学、发酵工程等生物技术，开发农产品生物加工专用新型酶制剂和微生物，设计研发农产品生物加工技术，实现农产品的精深化、系列化加工，满足下游不同应用场景的实际需求。在精准营养、精细化学等基础研究的支持下，开发针对不同需求和场景的农产品系列化加工技术，在最大限度保留农产品本身的营养价值的同时，赋予农产品更多的功能活性。开展农产品和农业副产物的系统综合利用研究，开发系列农产品高效化、优质化、绿色化、低碳化加工利用技术。围绕农产品加工先进制造技术与装备，重点研究先进制造技术的应用、数字化制造及智能化，极大提高产品质量和生产效率。

（四）研发生鲜农产品绿色贮运技术

研究生鲜农产品特色食用品质的形成与劣变机制，优化国际/国内贸易特色水果在贮藏保鲜与冷链物流过程中的品质保证，开发水果成熟、衰老调控保鲜技术，以保证批发零售终端的最佳特定品质；建立农产品冷链物流过程中水果的精准催熟技术体系，实现新鲜水果优质品质实时供应的精确化，为特色水果国际化贸易和国内消费提供技术支撑和品质保障；针对生鲜农产品贮藏和冷链物流过程中的病害问题，建立农产品病害早期识别、预防以及绿色、高效的冷链物流采后病害控制技术。

四、关键技术

（一）农产品绿色低碳生物制造技术

重点开展以下几个方面的研究：①农产品生物精深加工技术。借助微生物学、酶工程、发酵工程等多种生物技术手段，依托新型的农产品生物加工专用酶和微生物制剂，进行农产品精深加工，提高农产品综合利用率，降低农产品加工损失率，同时避免农产品过度加工，实现农产品的精深化、系列化、规模化、定制化生物加工，满足用户对农产品加工的功能化、健康化、营养化需求。②农产品加工副产物生物加工技术（Sorrenti et al.，2023）。根据不同农产品加工副产物的物料特性，有针对性地开发农产品加工副产物生物加工技术，改善农产品加工副产物的综合利用情况，积极推动农产品绿色、低碳加工生产，综合利用稻壳米糠、麦麸胚芽、果皮果渣、菜叶菜帮、皮毛骨血等加工副产物开发各类产品，实现农产品加工副产物高值、高效、绿色、低碳转化，提升整个农产品加工链条的附加值。③农产品生物加工专用智能设备。围绕农产品绿色、低碳生物加工技术，积极改进现有加工设备，大力开发新型加工设备，加大装备研发投入，增强装备技术储备，开发包括高效预处理设备、清洁发酵设备、循环多级提取设备在内的多种精深加工处理设备。

（二）农产品细胞工厂和基因工程技术

重点开发以下几个方向的基础技术研究：①构建农产品加工专用细胞工厂数据库。到 2040 年，在基因编辑技术和合成生物技术的迅速发展过程中，构建的新型底盘细胞和改造后的工程菌数量将呈指数增长，因此亟须构建农产品目标产物的合成细胞工厂数据库，为合成生物学和细胞工厂的构建奠定基础。②多学科、多手段融合制备农产品功能因子技术。构建细胞工厂，从头合成生物基材料单体 1,3-丙二醇和重要的医药中间体青蒿酸，开创全新的传统石化产品和天然产物生产模式。自此，细胞工厂的设计构建成为合成生物学的一个重要研究方向。目前，合成生物技术局限于简单物质的生物合成，随着相关经验的积累，多细胞、多手段、多学科融合制备结构复杂的物质将成为研究重点。③发展基因编辑技术。在食品微生物中构建基于 CRISPR 的高效基因编辑工具（Stout et al., 2017），迅速提高基因编辑效率，并在此基础上对关键基因进行敲除，在表型上验证功能，结合生物信息学和基因组学分析，最终确定关键基因的功能，进一步对功能性产物的代谢途径进行解析和调控；或者引入外源关键基因及代谢途径，通过合成生物学手段，赋予目标菌株新功能，生产需要的特定功能产物。此外，随着基因编辑技术的发展，新分支学科衍生，合成生物学作为新兴技术将不断完善更新，需要与其他学科和手段相结合，衍生出新的发展方向，如DNA信息存储、非天然氨基酸及非天然核苷酸的融合等。

（三）绿色贮运流通技术与装备开发

重点开展以下几个方面的研究：①农产品冷链物流过程中水果品质控制与精准保鲜技术。采用分子生物学、生理学以及生物信息学等技术，明晰目前国际/国内贸易特色水果如香蕉、芒果、牛油果、菠萝、猕猴桃、葡萄等特色产品的品质形成与调控机制，通过农产品保鲜技术与物流过程中环境因素“温度-气体-微生物-质量”的互作机制与调控规律，开发实时、精准的成熟保鲜技术。②水果精准催熟技术体系。根据现代生鲜流通体系中到地实时最佳品质的需求，研究主要热带、亚热带特色果蔬物流到地精准催熟机制及品质控制技术，制定不同成熟度水果的催熟技术标准和技术体系，开发相应的催熟设备，为特色水果国际化贸易提供技术支撑和品质保障。③农产品冷链物流过程中水果病害防控技术。研究主要热带、亚热带水果冷链物流过程中侵染性病害和生理性病害的发生规律，采用大数据分析以及智能识别技术，建立水果病害早期识别和预测技术，开发高效配套装备，结合物理、化学和生物控制手段，建立绿色、高效的冷链物流采后病害预防和控制技术。

五、发展路径

建议加强农产品（食品）新资源、新材料开发，从不同的层面更好地保障我国粮食与食品安全（Galanakis，2021）。大力推进生物加工技术，提高农产品的综合加工水平和生产效率，提升产品质量，最大限度降低农产品贮藏与加工过程中的损耗率。具体发展路径见图5-8。

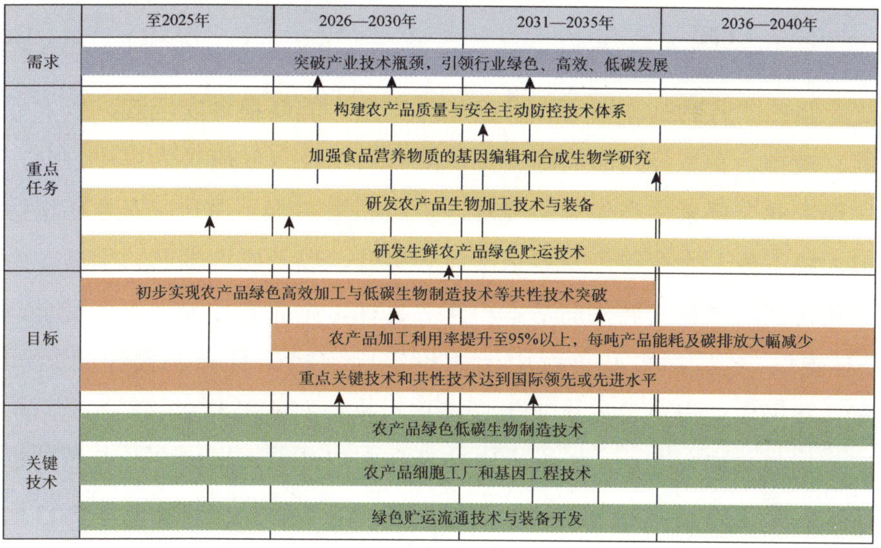

图 5-8　面向 2040 年的农产品贮藏与加工子领域工程科技发展路线图

第九节　农业资源环境

一、需求

新时期农业发展面临着人民日益增长的美好生活需要和不平衡不充分的发展之间的矛盾，进一步提升农业资源利用率是构建生产生态和谐发展格局的现实需要，我国人口与资源环境承载能力仍处于紧平衡状态。农业资源高效利用是实现绿色高质量发展、建设农业强国的核心任务。围绕耕地质量保育、化肥减量增效、智慧精量灌溉、废弃物资源化利用、面源污染防控等领域的重大科技需求，创新绿色投入品、集成系统管理技术，重点提升土、水、肥、药资源高效利用等综合技术以及废弃物资源化利用技术水平，增强气候变化应对能力，建立农业生产与生态保护协同发展格局，实现农业固碳、增汇、减排、扩绿等目标，推进农业绿色高质量发展，是支撑国家“双碳”目标实现及美丽中国建设的重要需求。

二、目标

坚持“谷物基本自给、口粮绝对安全”的新粮食安全观，以农业固碳减排、新型投入品创制、资源回收利用及气候应对为主攻方向，实现农业全要素生产率全面提升，资源利用率明显提升，农业环境排放大幅下降，农业绿色发展水平显著提升，以及农业生产、生活、生态相协调的绿色发展格局基本构建等目标，全面支撑国家粮食安全、“双碳”、乡村振兴及美丽中国建设等国家战略目标。预计到2040年，我国农业绿色发展水平明显提高，耕地产能提升20%—30%，水肥利用效率提高30%—50%，资源循环利用效率大幅提升，农业污染排放明显下降，农业气候韧性明显增强，农业科技进步贡献率与自主创新能力快速提升。

三、重点任务

到2040年，农业资源环境子领域的重点科技任务包括以下方面。

（一）农业固碳减排增汇关键技术创新

解析土壤有机质的形成过程、赋存形态和稳定机理，揭示不同有机组分碳源向土壤有机质转化的微生物作用机制和碳饱和机制，阐明多因素协同调控土壤有机质稳定性的原理，强化对土壤固碳本质和调控机制的研究。创新高效固碳保肥新型碳基材料及高效固碳调控产品，提高土壤固碳效率；集成创新土壤固碳、耕地保育及产能提升技术模式。创新绿色低碳投入品，集成水肥优化管理等绿色低碳减排技术，重点突破氮肥氧化亚氮减排及稻田甲烷减排关键技术，协同农业养分增效及农业污染减排，以农业固碳减排支撑国家“双碳”目标。

（二）绿色增产增效关键技术创新

围绕国家粮食安全与农业高质量发展需求，以协同提升粮食产能及资源利用效率为核心，消除耕地障碍因子，改造提升高标准农田质量，中低产田创制农业绿色高效投入品，研发农业变量施灌及精准灌溉技术，开发水肥高效精准管理、极端天气精准预警及有效应对技术，提高作物持续高产稳产能力，研发废弃物生物发酵、资源提取关键技术，研究新型污染物监测预警及多污染物安全去除、土壤污染治理修复关键技术，构建山水林田湖草沙一体化修复技术体系，实现耕地产量增加 20%—30%，水肥利用效率提升 30%—50%，达到国际发达国家领先水平。

（三）国际领先的农业绿色发展科技创新体系建设

围绕国家战略需求，强化耕地、灌溉、养分与农业固碳减排等领域科技创新专项部署，建设全国农业科技创新中心与实验室体系，完善农业资源环境子领域交叉学科的科技创新人才培养与经费长效持续投入机制，鼓励基础创新与场景式应用创新有机结合，构建政产学研用一体化科技创新模式，在全国范围内建立政研企协同创新机制，培育农业资源环境领军企业及国际领先的科技创新人才队伍，建设具有国际先进水平的农业绿色发展科技创新高地。

四、关键技术

（一）绿色智能肥料创制技术

针对绿色智能肥料创制的关键环节，重点开展以下方面的关键技术研发：以作物根际/根层养分综合调控原理为核心，利用根系/菌根分泌物、农产品提取物、工业副产品等物质，结合高通量筛选、微生物定向选育、新型剂型开发等手段，收集具有耐瘠、抗逆、促生、土壤改良、防病抗病等功能的微生物种质资源，开发微生物复配和新型微生物剂型（张福锁等，2022，2023）；结合区域气候环境条件，充分发挥智能增效材料的优势，开展绿色智能肥料产品研制；利用现代无损监测设备与技术手段，构建绿色智能肥料高效评价体系；搭建肥料数据平台，为研发适合我国农业生产需求的绿色智能肥料提供理论与数据支撑。

（二）土壤微生物组定向调控技术

针对土壤微生物组的关键过程与功能，重点开展以下方面的研究：农业微生物组装与维持机制，揭示生物多样性的起源、演化、共存，重要元素的循环过程及驱动机制，微生物组介导的地上-地下偶联，以及多层级食物网的结构与功能等；农用微生物菌群设计，基于现代农业绿色发展需求和生态学理论理性设计，揭示微生物群落，开发新型农业微生物投入品，实现减肥、减药双目标；农业微生物组研究与调控的新技术（朱永官等，2021；Trivedi et al.，2022），以作物根际为重点，开发微生物群落研究与功能调控的新技术与新方法，如单细胞分析技术、微生物组工程化改造技术、系统与定量生物学技术、微生物群落功能定向调控技术等。

（三）气候变化背景下的农业应对技术

为减缓气候变化可能给农林生产带来的影响，必须对气候变化相关情景下农业用水、植物生产等的变化，以及极端气候灾害进行预警与防控，建立相应的防控对策与技术体系（Chen and Gong，2021），具体包括以下方面：揭示农业气象灾害对农业生产的影响机理，明确农业对温度、降水、辐射及 CO_2 浓度变化的响应过程，以支撑农业系统适应及积极应对气候变化的能力；利用快速育种技术培育抗紫外线、耐高温、抗盐碱环境等的优质高产农林作物新品种，加强良种战略储备；构建气候变化对农业影响的综合评估及智慧适应系统，以及气候智慧型现代农业生产模式，积极调整农业结构和模式，以主动适应气候变化；加大力度开发极端天气事件精准预测预警系统，以及应对极端天气灾害的科学对策系统及工程系统，强化应对极端天气的趋利避害性及高抗性农业生产模式（陈雄等，2020；王斌等，2022；Henry，2020；Chen and Gong，2021）。

（四）农业废弃物资源化利用技术

针对农林废弃物资源量大、利用难等问题，研究农业废弃物高效利用是资源高效循环的重要环节，重点研究以下方面：①研发农业生物质快速分解、液化技术，秸秆等有机废弃物快速分解液化技术，以及有机废弃物快速工厂化堆肥及无害化技术；②研发集中规模处理与小型分散处理的整装智能化废弃物处理加工装备，建立就地或近地绿色低碳处理及增值高效的生物转化技术体系，加快推进农业生物质产业化工程；建立秸秆发酵生产饲料技术体系；③突破生物质能源固化成型、燃烧、沼气、燃料乙醇、生物质材料等方面的关键技术；构建完整的秸秆和畜禽粪便等主要农业生物质基础特性和数据共享平台；④研发生物质产业装备技术，实现农业生物质工程产业化；⑤研发有机废弃物氨挥发及恶臭性气体减排关键技术，研究有机废弃物抗生素、重金属等污染物消除技术，健全有机废弃物资源化利用途径的风险预测与效益评价机制，创建场景式有机废弃物高效循环模式；⑥构建完整的秸秆和畜禽粪便等主要农业生物质基础特性和数据共享平台，支撑农业废弃物资源利用决策与管理（谢立勇等，2022）。

（五）智能水肥管理与决策技术

针对未来规模化经营及技术集约化经营的农业现代化发展趋势，重点研究以下方面：①作物精量灌溉及水肥一体化自动管控技术，开发基于大数据及作物需求规律的智能决策系统，重点突破作物水分及养分状况在线实时监测传感，动态监测温度、光照度等环境参数，以及作物生长、品质形成模拟模型等关键技术；②开发大数据处理与智能控制等物联网技术、水肥智能管控与决策系统及自动化控制装备，构建无人管理、自动化运营的农业生产智能管控技术体系。

五、发展路径

以农业绿色低碳转型支撑国家“双碳”和“双藏”（藏粮于地、藏粮于技）目标，强化科技创新，突破资源高效利用关键技术，强化土壤碳转化与高效固碳机理、土壤微生物组定向调控、生物发酵养分高效转化及污染物协同减排等基础创新方向的研究，突破农业固碳与温室气体减排、绿色智能肥料创制、智能水肥管理与决策、农业废弃物资源高效利用、水体污染修复等关键技术，通过优化农业科技创新体系，强化农业领域科技创新力量，完善体制机制，以及强化科技创新的内生动力，全面支撑我国农业资源环境子领域的科技创新与农业绿色转型。具体发展路径见图 5-9。

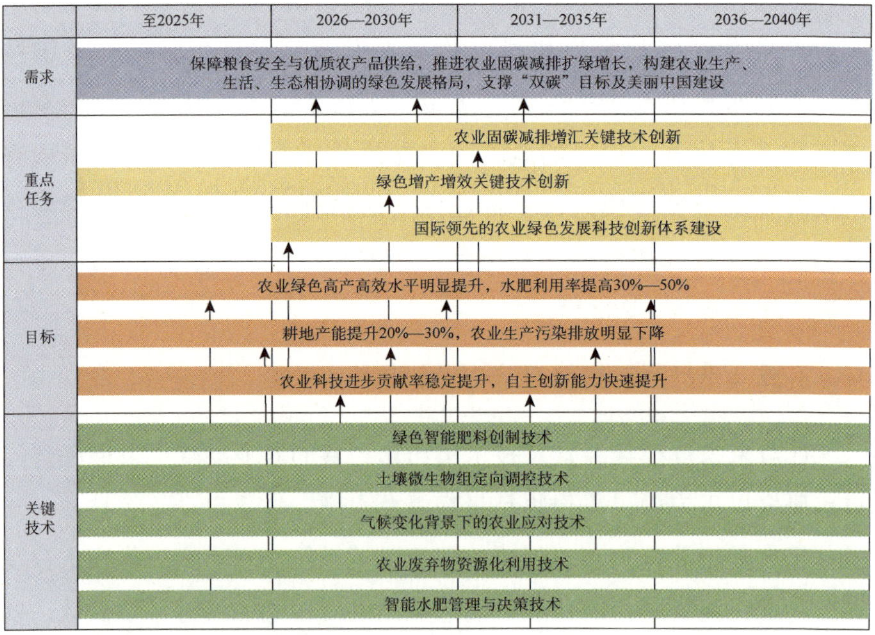

图 5-9　面向 2040 年的农业资源环境子领域工程科技发展路线图

第十节　农村现代化

一、需求

2040 年，农村现代化工程科技应面向科学前沿，把握未来我国农村社会经济和科技的发展趋势，以事关农村国计民生的需求、推进生态文明建设、实现乡村振兴战略为目标，以“产业兴旺、生态宜居、乡风文明、治理有效、生活富裕”为总体要求，深入发展新一轮科技革命和产业变革，智能技术、生物技术、信息技术向农业农村各领域渗透，乡村产业逐步转型升级，智慧乡村建设全面发展。在农村居住环境、基础设施、公共服务、生态环境、乡村治理等方面取得决定性进展，在智慧村镇、农村大数据、空间治理、污染防治、产业融合、产居融合等方面取得关键性突破，依托新一代信息技术、人工智能技术的快速转化与应用，构建乡村万物互联的现代农村支撑体系，整合集成各项技术，部署重大工程科技项目，最终以科技引导和推动我国乡村发展逐步走向智慧化、生态化、融合化，全面实现和落实乡村振兴战略。

二、目标

到 2040 年，基本实现农村现代化，城乡发展差距将进一步缩小，创新驱动乡村振兴发展取得决定性进展，包括产业结构、生态环境、乡村风尚、乡村治理、生活条件等在内的乡村发展水平得到整体性提升。农村生产生活全方位向智慧化转变，万物互联的现代农村科技支撑体系基本形成。到 2040 年，实现农村地区互联网普及率超过 90%，乡村数字经济加速发展，农业生产信息化水平稳步提升，城乡间的“数字鸿沟”大幅缩小，农民的数字化素养显著提升。农业生产结构持续优化，区域布局更趋合理，物质技术装备条件稳步改善，规模化、集约化、标准化、数字化水平进一步提高；农业农村现代化和城乡基本公共服务均等化基本实现，农村居民对于挖掘区域乡土文化内涵、延续乡村文化血脉、繁荣乡土文化的认同感越来越强烈。乡村治理体系和治理能力现代化基本实现，农村人居环境整体提升，农业面源污染得到有效遏制，生态宜居的美丽乡村基本实现，城乡产业融合的乡村振兴目标基本实现。

三、重点任务

围绕国家乡村振兴的战略需求，针对农村发展重大短板和关键问题进行顶层设计，创新产学研结合的协同创新机制，持续强化科技创新和新技术应用。加强基础性理论研究，突破支撑乡村振兴的战略性、前瞻性关键技术，构建完善的智能化公共基础设施支撑体系，建立区域乡村振兴实现模式和示范基地。围绕国家乡村振兴的战略需求，重点加强农村发展基础理论研究，突破农村现代化关键性技术，完善农村产业基础支撑等任务，在生物育种、耕地质量、智慧农业、农业机械设备、农业绿色投入品等关键领域，加快研发与创新一批关键核心技术及产品，使我国的农村现代化工程科技水平整体大幅度提升（张海鹏等，2018）。到2040年，农村现代化子领域的重点科技任务包括以下方面。

（一）发展数字智能乡村

加强乡村信息基础设施建设，实施智慧化农村科技建设工程；加快农村下一代移动互联网、数字电视网的技术研究；推动农村地区水利、公路、物流、环保等基础设施的数字化、智能化技术升级；建立和推广应用农业农村大数据体系，推动物联网、大数据、人工智能、区块链等新一代信息技术与农业生产经营的深度融合；开发适合农村的信息终端、技术产品、移动互联网应用软件，构建面向农村的综合信息服务体系（曾亿武等，2021）。

（二）建设绿色美丽乡村

加强绿色低碳、节能环保的新技术和新产品研发以及产业化应用；推动农业产业园区和产业集群循环化改造技术研究；开展农村可再生能源替代示范，建立健全农村节能减排固碳监测网络和标准体系；加强农村清洁能源技术体系研究，因地制宜推动农村地区清洁能源发展，加快构建以可再生能源为基础的农村清洁能源利用体系（杨世伟，2020）。

（三）构建现代乡村产业体系

以技术为导向，通过技术集成，发展特色鲜明、类型丰富、协同发展的乡村产业体系，以拓展第二、第三产业为重点，依托农村产业技术发展，纵向延伸产业链条，横向拓展产业功能，多向提升乡村价值；提升农村产业融合发展技术水平，依托乡村特色优势资源，打造农业全产业链；建设现代农业产业园区和农业现代化示范区，支持建设现代农业产业园，推动农村产业科技研发等市场主体向园区集中，资本、科技、人才等要素向园区集聚（陈锡文，2018）。

四、关键技术

（一）乡村生活空间规划、设计与建设关键技术

重点开展以下六个方面的关键技术及产品研发：①生态宜居乡村住宅设计与建设技术。以“生态宜居”为目标，研发低碳宜居型现代智慧村镇规划、设计、建设技术，低碳生态型住宅设计与建设技术，乡村建筑碳中和设计技术，空间组合利用技术，以及绿色、低碳、节能、生态、环保的村镇住宅建设新材料，推进节能低碳建筑和低碳设施建设。②乡村对外交通和智慧物流设计技术。研究适应乡村农业生产生活特点和需求的高效节地型农村道路路网设计和优化技术、农村对外物流节点与大交通一体化布设技术；研究适合农村地区的物流运

送新设备和新技术。③智能公共服务设施设计与建设技术。充分接入新一代信息技术和无线传输、无线充电等技术，部署教育、医疗、物流、金融等领域的公共服务智能配置技术。④乡村生活智能调控技术。住宅是调控农村农民的各类需求、对外交流的终端，以其为核心，再配合各种传感器、智能机器人等设备，实现对各类产业发展的“智慧+”控制和调控。⑤数据区块链技术。研究运用区块链技术连接农村信息和资产，促进从数据可信到服务可信的递进，以标准化数据服务连通各个乡村振兴场景，创新规划农村数字化建设。⑥现代化村镇智慧治理技术。研究低成本、高效率的村镇管理和运行维护技术，加快治理信息化和智能化的推进和创新，开展技术应用示范（冯旭等，2023）。

（二）乡村生态空间治理和污染防治关键技术

重点开展以下三个方面的关键技术及产品研发：①农村废弃物处理和污染物治理技术。研发污染源快速识别、监测技术，以及适用于不同规模经营主体的废弃物无害化处理技术和设备；研发农村生活垃圾分类和资源化处理技术，以及村镇生活垃圾源头分类减量和高效分选新技术，攻克生活垃圾能源化、肥料化、材料化等无害化、资源化利用关键技术难题；研发乡村厕所生态链构建技术，以及集污染物收集、贮存、运输、处理、污水回用、营养元素回收的一体化技术，形成具有自主知识产权的核心技术设备与成套化装备。②山水林田湖草生命共同体系统治理工程技术。构建乡村生态景观调查、监测等基础信息平台，以及生态评价、规划、修复的全过程管理平台；结合国家战略需求与地方生态修复需求，完善生态系统工程宏观布局；研究基于自然的解决方案，以自然恢复为主，发展基于生态系统恢复力的保护性技术；查明区域生态权属和生态受损状况，构建生态系统恢复评估体系。③农村能源和电力设施建设工程技术。研究以农村沼气、生物质能、光伏太阳能、风能、地热、水电和微水电等新能源为核心的关键技术，农村本地废弃物能源化技术，以低碳为目标的农村能源高效转化及利用技术，以及满足农村高质量生活需求的低成本、低能耗能源消费设备（杜焱强，2019）。

（三）现代乡村产业融合、产居融合关键技术

重点开展以下三个方面的关键技术及产品研发：①平台建设融合技术。以“产业兴旺”为目标，研究在线旅游、电子商务、位置信息服务、社交媒体、智慧金融等多平台融合技术，下沉至农村。②农村新业态融合发展技术。研究和探索新一代信息技术深度融入乡村三大产业的模式，发展基于产居融合的新业态，研究远程智能生产控制技术等；研究物联网技术融合，发展农业农村生产生活实时动态快速监测和调控技术，以及加快线上和线下新技术应用发展的乡村农产品、生态产品产销一体化服务技术；围绕乡村发展重大需求，聚焦特色优势产业，培育产业融合的新业态、新产业和新集群模式。③满足多元需求的产居融合及功能优化配置技术。研究产居融合发展背景下乡村生产生活空间优化和配置技术，围绕产业和居所形成新产居结构，要根据人口规模和实际需求，实现工作、消费、休闲、度假多样性功能的综合配置（陈一明，2021）。

五、发展路径

围绕产业兴旺、生态宜居、乡风文明、治理有效、生活富裕等国家乡村振兴战略需求，在农村居住环境、基础设施、公共服务、生态环境、乡村治理等方面取得决定性进展，完成发展数字智能乡村、建设绿色美丽乡村、构建现代乡村产业体系等三项重点任务，实现智慧村镇规划、建设与设计，乡村空间治理和污染防治，以及现代乡村产业融合、产居融合等一系列关键技术的研发与突破。到2040年，我国乡村将在各项工程技术研究上获得突破性进展，实现智慧化、生态化、融合化发展，使我国的农村现代化工程科技水平整体大幅度提升，乡村振兴水平持续向好。具体发展路径见图5-10。

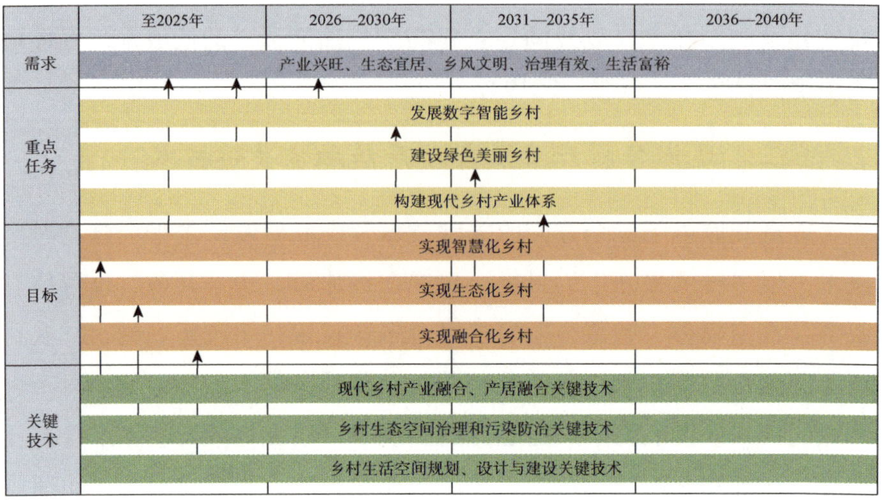

图 5-10　面向 2040 年的农村现代化子领域工程科技发展路线图

第六章　农业领域重大工程建议

第一节　生 物 育 种

一、需求

种业是发展现代农业的核心和命脉，现代科学技术正在引领生物育种发生深刻变革，生物育种全面进入分子育种新阶段。随着经济全球化和新一轮生物技术的快速迭代，发达国家政府以跨国企业为载体，利用其技术和资本优势，布局全球市场，国际竞争日趋加剧。目前，总体上我国生物种业创新能力弱、效益低，基因编辑等前沿核心技术受制于人，生猪、肉鸡等部分动物种源对外依存度高，种业安全面临严峻威胁和前所未有的挑战。实施农业生物育种重大工程，重点解决种源关键核心技术突破、重大品种供给等瓶颈问题，提升我国种业的国际竞争力，对保障国家粮食安全、生态安全、国民营养健康意义重大。因此，强化农业生物育种科技创新，突破种业科技基础前沿和关键核心技术，培育重大战略性新品种，是保障我国食物安全、提高农业竞争力的迫切需求。

二、目标

围绕保障国家粮食安全、生态安全和国民营养健康等重大需求，面向我国经济建设主战场，针对我国主要粮食和经济作物、畜禽水产、林果花草等，攻克重大基础科学问题，挖掘优异基因资源，实现基础种源自主可控；突破前沿关键核心技术，以转基因技术为底盘技术，与基因编辑、全基因组选择、智能设计等前沿技术交叉融合，抢占种业科技制高点，构建新型农业生物育种技术体系；培育满足农业高质量发展、多元化社会需求和国际竞争需要的重大战略性品种，以及具有国际竞争力的种业企业，构建现代化种业技术创新和支撑体系，把控生物种业发展主动权。以保障食物安全、生态安全和种业安全为宗旨，以资源整合集成和体制机制创新为手段，主动应对全球生物育种技术迭代升级、生物种业竞争加剧的严峻挑战，构建基础性研究与产业化紧密结合、产业链与创新链高效衔接的现代生物育种科技创新体系，全面提高我国种业自主创新力、持续发展力和国际竞争力。

三、重点任务

（一）重大育种基础科学研究

揭示主要农业生物种质资源形成、演化的遗传基础；阐明种质资源的结构多样性；剖析遗传与环境互作效应在性状形成过程中的作用机制；研发杂种优势形成的遗传机理及分子调控技术；发掘高产、优质、抗病虫、抗逆、水分养分高效利用等重要农业经济性状的新基因，创制优异种质材料，为我国生物育种提供优异的基因资源；阐明动物性别形成机理及调控的分子机理；揭示配子发生与妊娠调控机理；深入开展高效细胞育种、智能分子设计育种理论和方法及其在新的优良品种培育上的应用研究。

（二）育种共性关键技术研发

建立主要农业动植物种质资源重要性状精准鉴定与基因型鉴定技术体系；创新现代农作物育种技术体系和动物繁殖技术体系；开展杂种优势利用作物不育化、标准化、机械化、高效低成本制种技术研究；创建规模化、高通量的种质资源基因型鉴定和表型精准鉴定平台，以及种质资源信息处理平台，发掘重要性状基因资源；研究新一代高效基因编辑技术，开发多基因、大片段染色体操作、合成生物等技术，为创制颠覆性、突破性育种资源材料奠定基础。

（三）前沿育种技术创新

基于基因型-表型数据库，创建新一代农业生物高效基因发掘技术，实现规模化、高通量基因的快速发掘；建立不同农业生物品种分子设计体系和主要物种的全基因组选择技术体系；开发具有自主知识产权的高效基因编辑新技术，实现主要动植物和微生物的高效基因编辑；开发新一代组合诱变与高通量靶标基因定向筛选、倍性育种、性别控制和规模养殖繁殖调控技术；基于基因编辑和代谢网络调控技术，实现农业微生物优质菌种的定向育种和人工新品种创制；建立人工细胞工厂设计、构建、测试、评价技术体系。

（四）重大新品种选育

以培育具有重大应用价值和自主知识产权的新品种为重点，培育一批绿色性状突出的功能型和生态型品种并大面积推广；培育高产、高效、优质、抗病、抗逆的突破性农业生物新品种；加速适宜机械化生产的主要农作物新品种选育，强化以新一代基因编辑技术为基础的新品种创制、新资源创制工作，加强生物育种与常规育种技术的结合，培育重要畜禽水产新品种，并进行试验示范。

（五）种业科技支撑体系建设

研制种业重大装备和信息系统，构建高通量科技创新服务平台，构建智慧种业平台，集成种业全产业链信息支持、产品交易、数据集成与管理服务。研究形成现代信息技术、现代装备制造技术与育种技术相结合的集成示范体系；完善引进种质资源生物安全风险管控体系；充分利用国家各类基因库，研发种业产品的全基因组指纹图谱“身份证”，建立全过程溯源技术体系；发展成果的技术咨询、技术开发、技术转让和技术交易；开展种业协同创新模式、产业安全、生态安全、体制机制创新、知识产权保护、国际化、生物伦理与公共关系等重大战略研究，为我国种业提升全球竞争力、建成种业科技强国提供战略支撑。

四、需要解决的关键科学技术问题

（一）农作物种业

1. 主要农作物种质资源挖掘与创新

收集引进国外优异种质资源，并利用现代分子育种技术进行种质创新；建立与完善主要农作物特异种质资源安全保存、基因源分析与种质创新技术体系；发掘遗传效应大、利用价值高的种质资源，创造和利用具有自主知识产权的新种质，促进我国种质资源优势转变为基因资源优势和产业竞争优势。

2. 主要农作物重要性状遗传基础与组学解析

研究主要农作物优异种质资源的形成与演化规律，解析骨干亲本形成的遗传基础；克隆重要性状的关键基因，解析基因功能，阐明重要性状形成的分子机制；利用组学技术阐明重要性状的DNA代谢产物网络、蛋白互作网络、转录调控网络和基因调控网络。

3. 主要农作物分子设计育种

定位重要性状基因并获得可供育种利用的分子标记；建立数据库并构建品种分子设计信息系统；研究复杂性状主效基因选择、全基因组选择、多基因分子聚合技术、基因编辑技术等，与传统育种技术相结合，建立基于品种分子设计的高效育种技术体系，培育突破性优良新品种。

4. 主要农作物染色体细胞工程与诱变育种

研发染色体和染色体片段准确识别与跟踪技术，建立分子染色体工程育种技术体系与材料平台；研究体细胞和配子体细胞培养高频率再生技术，建立和完善分子细胞工程育种技术体系；研究建立突变基因高通量发掘与高效诱变育种技术体系，创制产量高、品质好、抗性强的育种新材料和新品种。

5. 主要农作物强优势杂交种创制

开展主要农作物杂种优势形成机理研究；研究新型不育系和强优势杂交种亲本选育技术；开展种、亚种、生态型和杂种优势组群研究、改良与利用；研发杂种优势分子标记预测与利用技术；创建优异基因轮回选择库；建立作物杂种优势分子育种技术体系，聚合优良基因。

6. 主要农作物良种培育科技

以水稻、玉米、小麦、大豆、棉花、油菜、蔬菜等主要农作物为对象，研究种质资源管理、育种技术、品种测试网络、种子生产、信息化管理等技术，构建集约化、流水线式的商业化育种体系；面向主产区，以提高产量、改善品质、增强抗性为重点，培育优质、高产、多抗、广适、适合机械化的重大新品种。

（二）重要畜禽水产种业

1. 基于大数据的畜禽分子设计育种技术

利用全基因组关联分析技术、3D 基因组技术、功能基因的生物育种芯片及检测技术，在动物个体的基因组水平上开展分子标记或基因选择，并利用基因编辑技术在分子水平上对动物的基因进行操作，从而提高育种的精确性和效率；构建动物干细胞育种技术体系，实现畜禽新品种的智能、高效、定向培育，推动育种学向“智能”方向实现革命性转变。

2. 动物抗病育种、品质调控、繁殖调控遗传基础研究

针对主要农业动物繁殖力较低和繁殖障碍比例较高，以及目前非洲猪瘟、猪繁殖与呼吸综合征（蓝耳病）、布鲁氏菌病等传染性疾病对我国养殖业的严重影响，开展脂肪含量、生长速度、风味物质、饲料

转化效率等相关性状的分子聚合、基因编辑及全基因组选择；进行疾病易感性、免疫调控、炎症反应等抗病相关基因表达的分子聚合、基因编辑与全基因组选择；进行配子胚胎发育、妊娠识别等繁殖过程调控的分子聚合、基因编辑与全基因组选择。

3. 畜禽繁殖精准调控与配子胚胎体外发育技术

深刻揭示畜禽卵子发生、发育、成熟与排卵的生理学、行为学调控规律；构建精准、高效的发情和排卵等调控技术及自动化鉴定与预测技术，基本遏制繁殖障碍，突破繁殖效率瓶颈；构建精子和卵子的体外发生、发育技术，以及高效体外受精与胚胎体外发育技术，实现配子体外发育和胚胎体外发育的规模化、工厂化生产。

4. 畜禽生物育种和高效繁殖

加快多基因修饰技术、分子育种技术的创新与突破，加强生物育种与常规育种技术的结合，优先培育瘦肉型猪和高产优质的牛、羊、家禽等新品种，建立猪、牛、羊、鸡等主要畜禽的国家级育种技术体系，完善全国范围的系谱记录，加快后裔测定场和育种示范基地的建设，进一步发展畜禽高效繁殖与胚胎工程技术。

5. 重要畜禽水产生物的组学与遗传学基础

发掘与经济性状相关的基因组和蛋白质组信息，解析目标性状的分子基础，阐明代谢网络调控机制，研发基因编辑操作技术和性状主效基因的高通量筛选技术等。

6. 水产生物生殖与遗传操作技术

研发重要水产生物生殖繁育的人工调控技术，实现全人工生殖操控；建立新型高效的基因编辑、基因导入、倍性操作和相关应用技术。

7. 畜禽和水禽生物育种技术与新品种创制

研发自动表型测定、多性状复合育种、全基因组选择育种和分子设计育种等技术，创制高产、优质、抗逆和生态安全的畜禽水产养殖新品种，持续改良现有的重大新品种。

（三）园艺作物种业

1. 园艺作物优异基因规模化高效挖掘

完善园艺植物种质资源和基因资源的保护、鉴定、评价和利用体系；建立优异基因规模化高效挖掘技术体系，发掘我国园艺作物的优异种质资源，开发园艺植物重要经济性状的高通量评价技术，建立优异种质资源综合评价体系和构建重要种质资源（包括砧木）的DNA指纹图谱。

2. 重要园艺作物基因组、转录组测序

利用新一代测序技术，开展重要园艺作物转录组、全基因组测序，扩大全基因组测序的园艺作物种类，积极参与重要物种的国际基因组测序计划；从组学层面研究重要经济性状形成的调控机制，绘制调控网络图。

3. 园艺作物杂种优势分子机理与高效育种技术研究

开展园艺作物雄性不育分子机理与高效育种研究、园艺作物杂种优势分子机理与杂种优势利用研究，以及基因工程与杂种优势利用研究。

4. 多目标性状、多基因分子聚合育种

加强与高产、优质、抗逆等重要经济性状相关的品种分子设计元件的研发；完善用于品种分子设计育种的精准化、专业化基础设施建设；系统研究多基因聚合育种技术及聚合基因的互作效应；集成高效及规模化的转基因、分子标记辅助选择育种、品种分子设计及常规育种等技术，建立高效的多目标性状或多基因聚合的园艺作物分子育种技术体系，培育出一批高产、优质、高效的新品种。

5. 园艺作物砧穗互作机制和多抗性砧木选育研究

开展园艺作物抗逆、抗病，优良性状砧木新品种选育，砧穗亲和性、砧穗互作物质和信息交流网络解析，以及其影响抗逆性、产量和

品质的研究，并选育出砧木新品种。

（四）重要林木树种

1. 林木分子育种与重要性状基因遗传解析

建立林木分子育种技术体系以突破林木常规育种周期长的瓶颈，根据林木杂交子代表型性状结合高密度遗传图谱定位控制生长、抗逆、抗病虫等性状的主效数量性状基因座（quantitative trait locus，QTL）区间，根据基因组序列完成对应区间的序列功能分析，完成候选基因的筛选，采用转基因技术进行候选基因的功能验证，并采用基因工程技术完成木本植物速生、优质、高抗的分子育种；同时开发分子标记，建立林木抗逆能力早期预测与筛选技术。

2. 森林资源培育与经营提升技术

以保障木材安全为目标，研究人工林产量和质量形成机理，攻克主要速生用材林、珍贵用材林和储备林的基地建设、森林经营、竹藤等资源培育与经营等关键技术，加强技术集成示范，竹资源培育技术继续保持世界领先水平，在珍贵树种培育、森林可持续经营等技术上与发达国家的差距显著缩小。

五、发展路径

围绕实现我国主要农业生物核心种源自主可控，种业科技自立自强的战略需求，根据产业链部署创新重点任务，从基础研究、前沿技术、共性关键技术、品种创制等环节开展一体化种业科技攻关，重点开展重大育种基础科学研究，研发新一代高效基因修饰育种技术、智能分子设计育种技术，以及智能表型组、全基因组选择等共性育种技术；加大品种选育、示范与平台基地布局与建设。通过重大工程的实施，在关键技术上突破基因挖掘、品种设计和良种繁育关键核心技术，创制有重大应用前景的新育种材料、新资源，培育和推广一批具有市场竞争力的突破性重大新品种。具体发展路径见图 6-1。

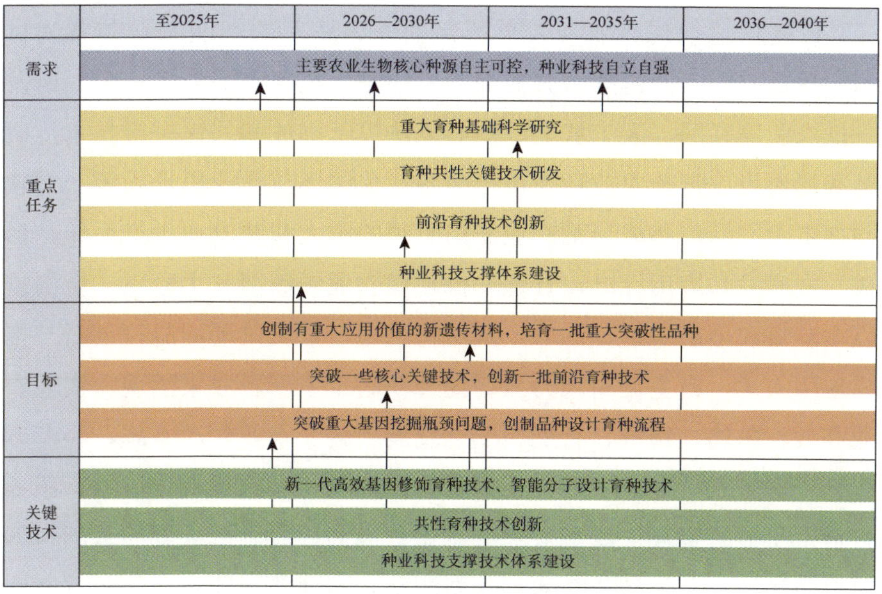

图 6-1　面向 2040 年的生物育种发展路线图

第二节　智能农业装备

一、需求

我国正处于由传统农业向现代农业转型的关键时期，农业农村现代化进程正加速发展，保障粮食安全的压力依然存在，农业生产效率亟待大幅提升，农产品质量安全问题备受关注，农业生态安全问题日益突出，确保农民稳定增收的任务越来越重，同时，耕地、水、生态环境的刚性约束日益加强，农业劳动力成本及种、肥、药等农资的价格增长明显，农业劳动力老龄化日趋严重，以现代信息与智能计算与装备技术为代表的智慧农业技术将实现农业产前、产中、产后全产业链的精准化、生态化、标准化和高效化，是提高劳动生产率最直接、最有效的途径，是促进农业科技创新和转型升级的重要推动力。

二、目标

以提供适合现代农业发展所需的先进适用的智能农业装备为目标，重点突破农业传感、大数据、云计算、机器人等技术瓶颈，研发一批农业物联网、人工智能、核心算法等基础性和共性关键技术，研制智能农机、智能农业环境调控装备、关键环节作业机器人等一批软硬件重大产品，集成一批产业应用亟须的重大智慧农业生产系统，形成一批研发与应用标准，打造一批现代农业领域国家实验室、全国重点实验室和创新基地，培养一批结构合理、素质过硬的科技创新与推广应用人才，自主创新能力显著提升，高水平创新成果涌现，实现农业高效、集约、精准、智能、安全发展，转变农业生产方式、经营方式、管理方式，促进农业产业升级，加快农业农村现代化进程，服务社会水平显著提高。智能农业装备工程成为行业领域重要的基础科学研究策源地、关键核心技术创新发源地、高性能智能农业装备首创地和高端科技创新人才新高地，国际影响力进入世界前列。

三、重点任务

（一）智慧农业工程基础理论研究

构建智能农业工程的基础理论体系，以提高作业效率、提升智能水平、降低能源消耗、减少环境污染为目标，瞄准农业工程、机械工程等学科发展前沿，面向未来动植物生产和农业绿色发展等应用场景，在生物-环境-机器互作基础及农业装备创新设计理论研究方面取得原创性成果，研究大尺度复杂环境下生命信息高通获取与智能预报方法，着力攻克动植物生长发育智能调控模型、设施条件光热环境模拟模型、大数据和人工智能核心算法等技术难题，研究农业云计算与大数据处理基础理论，以及农业生产剩余物高效清洁转化机理等，支撑现代农业动植物生产系统装备技术创新；鼓励对相关理论的自由探索。

（二）农业装备关键技术突破

针对我国农业装备先进设计、智能制造和多场景可靠应用方面存在的堵点、卡点问题，创新现代农业装备数字化设计、高效驱动、自动感知、智能控制、动植物生产机器人化智能作业、创制规模化灌溉管网适配的大型提水设备与多系统调控平台，创制农业动植物生命信息传感器与表型平台、土壤信息传感器与智能监测设备、畜禽水产养殖环境关键参数在线传感器、农机作业参数实时传感器等共性关键技术（赵春江，2021），突破柔性传感材料和高性能关键零部件加工工艺，建立具有自主知识产权的现代农业装备研发制造关键核心技术体系。

（三）智能装备体系建设

建设集基础理论研究、关键技术研发、智慧农业软硬件原型产品设计、产品生产制造、人才培养、基地建设、龙头企业培育、国际合作为一体的智能装备体系（韩佳伟等，2022）。研发新型动力系统、保护性耕作装备、精密播种栽植/变量施肥装备、高水效绿色管控与高效收获加工装备等作物生产机械，创制丘陵山区高效实用动力机械、粮油特经作物低损收获装备、大宗蔬菜果品高效收获装备，研制系列动植物生产作业机器人及农业废弃物资源化利用智能化成套装备，研制监测、投喂、消毒、清粪、称重、分栏、捡蛋、挤奶、分鱼、巡检、捕获等工厂化养殖成套化、智能化管控作业装备并建立示范验证基地，创制畜禽水产绿色高效智能养殖工厂，打破国外对核心关键零部件和高端农业装备产品的垄断，加快软硬件产品由研发到转化的过程。

四、需要解决的关键科学技术问题

（一）智能设计与先进制造理论方法体系

以适应我国农业生产复杂开放工况环境的智能农业装备为研究对象，创新智能设计、先进制造等理论和方法，获取动植物、机器及环境参数大数据，揭示动植物-机器-环境系统的互作规律，进而研发智能农业装备设计基础模型，研究农业装备关键零部件、整机作业载荷特性及零件与机械结构在复杂作业环境、复杂载荷下的损伤/缺陷演化机理和规律、试验与验证方法、失效机理与评价模型、工况环境适应性分析方法等，提出复杂开放环境下农业装备失效评价与寿命预测方法以及环境适应性评估模型；系统研究农业装备复杂机构的拓扑和参数一体化设计理论与方法以及动态设计理论，建立机构系统组成的理论体系，研究真实机构学理论与方法，以及新型作业机构设计方法；研究知识工程在农业装备设计中的应用方法和多学科动态协同仿真方法，建立设计知识服务系统，形成农业装备整机及关键零部件智能化设计和先进制造理论与方法体系。

（二）多元农业信息感知与智算技术

在对农业环境参数、动植物生理参数的传感机理和传感器失效机理研究的基础上，重点采用电化学检测、微纳检测、光学检测、光纤检测、光谱检测等新型检测技术，重点突破氨氮、亚硝酸盐、重金属等养殖水质参数、动植物活动信息、生命信息等多元农业信息的快速在线检测技术；重点研究农业多源异构信息融合关键技术，以及人机协作的群体计算技术，实现农业动植物环境信息和生理信息的智能感知，开发适应我国不同种植、养殖环境的多参数传感器与动植物生理参数在线检测仪器仪表；结合基因组、转录组、蛋白质组等组学信息和动植物表型信息，突破基于深度学习的农业动植物信息智能识别技术，建立跨模态融合、时序关联、并行计算等的光、温、水、肥、热、气、营养等农业动植物信息挖掘与对话技术体系。

五、发展路径

面向国家现代农业发展和建设农业强国战略的需要，紧紧围绕农业“高产、高效、精准、智能、生态、安全”的发展需求，确定以智能农机装备、农业物联网、大数据、人工智能等为优先主题，开展先进传感器、信息感知处理与智能决策模型、动植物表型、农业机器人、数字化设计与智能制造等前沿技术和关键核心技术攻关。至2030年，揭示土壤-机器-作物系统和环境-装备设施-动物系统的个体/群体关键因子互作影响规律，以及系统节本增效、降耗环保的优化匹配机制、信息传感与识别技术和农业生产精准调控方法，显著提升农业装备的智能化原始创新能力；攻克智能生产装备关键部件、智能生物系统精准传感、动植物生命信息感知、动植物生长智能调控模型、大数据和人工智能核心算法、农业智能控制关键零部件、工厂化设施智能设计等关键核心技术。至2040年，构建智能农业装备关键技术体系，自主创新能力显著提升，关键零部件及整机集成国产化水平大幅提高，形成动植物生产全过程智能化、管理决策科学化，为构建农业装备机械化、节水化、智能化、设施化和清洁化深度融合的智慧农业生产体系、经营体系和产业体系提供科技和装备支撑。具体发展路径见图6-2。

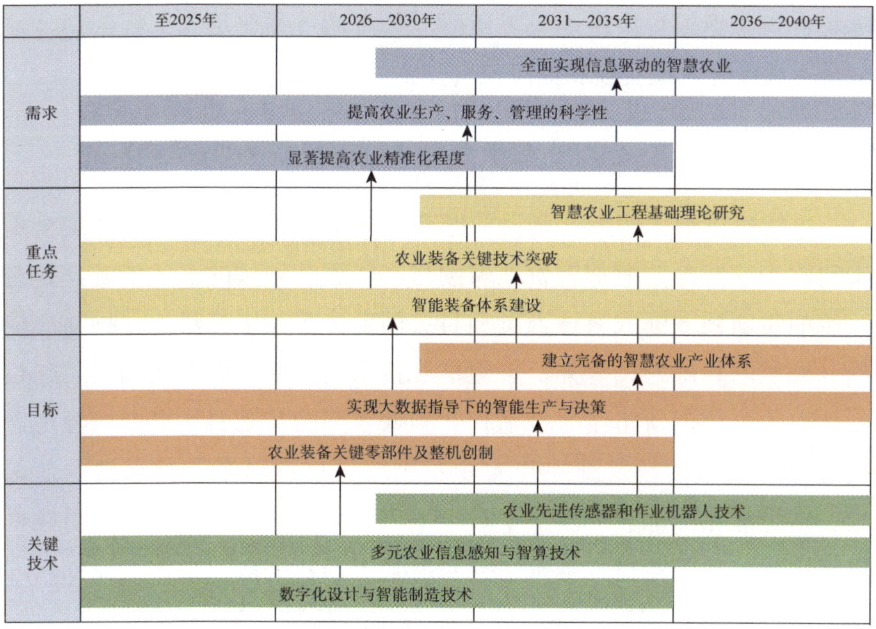

图6-2　面向2040年的智能农业装备发展路线图

第三节　耕地保护与产能提升

一、需求

党的二十大报告提出，全方位夯实粮食安全根基，全面落实粮食安全党政同责，牢牢守住十八亿亩耕地红线，逐步把永久基本农田全部建成高标准农田，深入实施种业振兴行动，强化农业科技和装备支撑，健全种粮农民收益保障机制和主产区利益补偿机制，确保中国人的饭碗牢牢端在自己手中。粮食安全是治国安邦的头等大事，我国粮食供需长期处于“紧平衡”态势，而我国耕地质量总体不高且有机质含量低，土壤侵蚀、酸化、碱化、污染等问题突出，黑土地等高产田的抗灾减灾能力不足，盐碱地等耕地后备资源保护性开发不足，华北平原地下水位下降，我国区域极端气候事件发生频次不断增加，耕地抗灾减灾能力不足，严重阻碍了粮食安全战略目标的全方位实现。保障粮食安全亟须解决耕地要害问题，只有通过强化重大工程创新，才能全方位提升耕地质量和保障粮食安全。

二、目标

以解决耕地资源重大科技问题和服务国家粮食和水土资源安全重大需求为导向，统筹部署耕地保护与产能提升领域的人才资源，打造一流的耕地领域国家科技力量和科技创新体系；坚持耕地保护与产能提升领域的基础理论研究、关键核心技术攻关与重大模式创制“三位一体”的总体创新路线，打造行业领域重要的基础科学研究策源地、关键核心技术创新发源地和人才新高地；重点以东北黑土地、盐碱地、南方酸化土地和中西部干旱半干旱区耕地等为研究对象，引领世界耕地保护与产能提升基础研究发展新方向，突破一批重大原创新理论和核心技术，实现极端气候变化背景下典型气候生态区耕地“水-土-盐-气”智能化产能协同提升并跻身世界前列的战略目标，破解耕地资源“卡脖子”技术，保障耕地资源安全。

三、重要任务

（一）突破重大基础前沿研究

以我国不同气候区耕地保护与生产力协同提升理论创新和技术突破为主线，阐明区域耕地粮食生产与自然空间要素的协同响应关系，创建区域耕地保护与生产能力提升优化方法；突破区域“土壤-土地-气候”生产力协同的多目标风险调控理论瓶颈，创新基于气候区“耕地-农田-流域”的多尺度耕地产能提升与保护理论体系。

（二）创造典型区域耕地保护与产能提升技术模式

以我国黑土地、盐碱地、红黄壤丘陵山地为典型耕地保护与产能提升区，针对制约产能提升的障碍性因素的时空变异特征，依据区域耕地产能形成特征，融合大数据和现代传感器技术，创建适合典型气候区的耕地调查评价、质量健康诊断、智慧化监测、生态化修复等典型治理模式。

（三）攻克典型气候生态区耕地保护与产能协同提升关键核心技术

以高产、稳产、高效、低碳耕地资源的持续利用为目标，科学识别影响典型气候生态区耕地水土特征、农田规模的主导限制性特征，研发适应气候变化的高标准智慧耕地建设关键技术，以及耕地质量与产能协同提升监测预警关键技术，创新典型区域耕地质量修复模式，研发极端气候条件下智慧化耕地建设关键技术。

四、需要解决的关键科学技术问题

（一）耕地保护与产能提升基础理论

聚焦我国粮食主产区“作物-土壤-水-气候”协同发展主要问题，

突破区域耕地"保、育、用"互作与协同重大基础理论制约；创新盐碱地等边际和后备耕地"提、改、升"重大基础理论，构建耕地生态功能显化与复合功能协同利用提升基础理论。

（二）耕地退化与生产潜力精准调控技术

厘清区域耕地质量时空演变规律，攻克土壤退化抗阻、地力培育和作物持续丰产高效等核心技术；攻克盐碱地"水-土-盐-气"等边际和后备耕地土壤重构、格局重塑和规模高效重组等关键技术，建立边际和后备耕地基础地力提升、质量改造和效能提升集成技术体系；研发具备多功能、低成本、准确高效、操作简单、信息自动传输等特点的便携式耕地质量调查检测传感器、移动检测装备，创建"空、天、地、土、网"融合的智慧化调查评价监测预警平台，实现区域耕地治理与产能监测预警。

（三）区域耕地多功能协同利用技术

深化创新不同区域的耕地保护和利用模式与技术体系以及机具配备方案，服务国家粮食主产区的稳产、高效、绿色等产能提升需求；研究面向耕地质量提升和适应气候变化需求的耕地平整、土壤改良、灌溉排水及农田防护等工程措施新技术和新装备，加强农机农艺、智能作业和智慧管理等技术集成应用，创新建立新时代不同气候类型区高标准农田建设模式，加强示范引领，为将全部永久基本农田建设成为高标准农田的国家重大战略需求服务；攻克耕地生态功能显化、耕地多功能复合利用、耕地利用生态设计等关键核心技术，建立耕地生态化利用技术体系，突破典型区域耕地多功能利用技术瓶颈，服务于国家提出的山水林田湖草沙系统健康治理目标。

五、发展路径

围绕端牢中国饭碗、提高耕地保护与产能提升的管理科学和耕地稳产高产保障能力的战略需求，根据不同气候生态区，从典型区域土壤障碍因子、“田水路林渠”基础设施和“山水林田湖草沙”多尺度特征方面加强长期稳定的经费支持，完善多元化、多渠道支持模式，创新科研组织模式，创新治理能力，推动成果转化。围绕重点任务，从基础研究、前沿技术、共性关键技术、典型模式创制和国家战略科技力量建设等环节开展一体化耕地保护与产能科技攻关，构建现代新型耕地保护与产能提升科技创新体系，创新耕地保护与产能提升协作化保障体系，建设新时代耕地保护与产能提升人才体系。

通过重大工程的实施，突破典型退化因子抗阻、障碍因素限制、地力快速提升、高标准智慧农田设计，以及耕地质量调查、监测与预警等关键核心技术，创制有重大应用前景的多种类型的黑土地保护与产能提升模式。具体发展路径见图6-3。

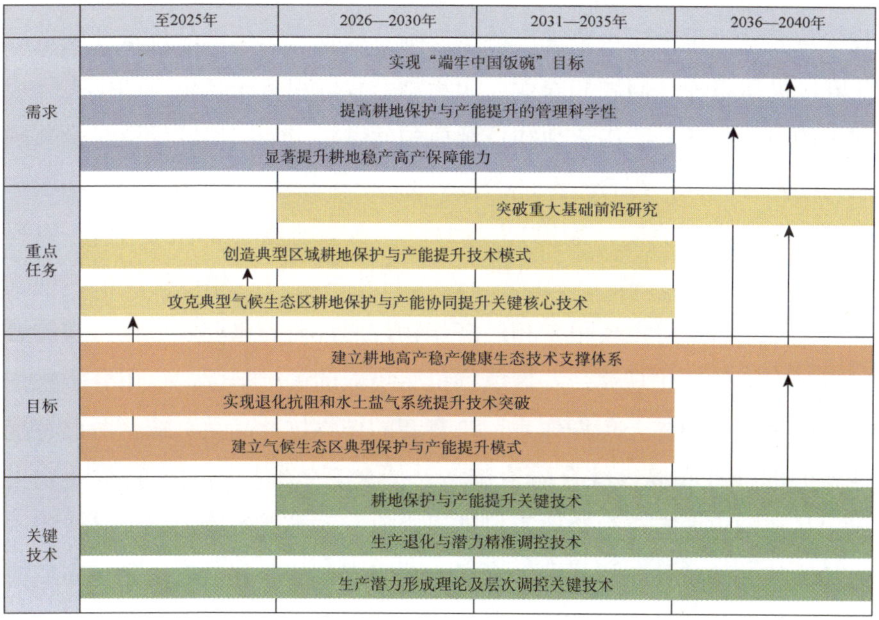

图6-3　面向2040年的耕地保护与产能提升发展路线图

第七章　农业领域重大工程科技项目建议

第一节　种植业绿色高效低碳生产

一、应用目标

粮食安全和农产品有效供给是保障国家安全的基础。到2040年，我国粮食刚性需求总量更大，消费结构更加多样化，因此要求农产品更安全、更营养、更健康，生产环节更加环境友好。面向2040年，推进我国重要作物重大病虫草害可持续控制及减少农药化学品过量使用造成的农产品质量安全问题和农业面源污染是我国粮食安全生产和生态环境保护的长期任务。我国耕地和资源瓶颈问题将更加突出，受资源及其承载力的刚性制约，综合生产能力提升面临严峻挑战（中国农业大学国家农业科技战略研究院，2022）。本章以创新驱动发展战略为指引，以科技进步的内生动力替代依靠资源投入的外生动力，针对我国粮、棉、油、蔬菜、水果等主要粮食和经济作物，通过研究重要农业病虫害的致害机制和群体变化规律，发掘植物抗感反应的关键基因，运用分子操作技术改良作物的先天免疫体系，培育新的作物抗性品系，结合对已有抗性资源的合理布局等综合防治策略，持久有效地控制农作物重要病虫害；从植物重要有害生物致害机理研究出发，寻找致害关键信号或代谢途径及相关的特异靶标蛋白，开展无公害农药的研发，以达到提高疫情防控效果和降低环境污染的应用目标；突破粮食与经济作物高产与水肥高效利用栽培耕作理论与技术瓶颈，实现主要粮食与经济作物的全程全面机械化、精准化和智能化，大幅度提升粮食与经济作物的综合生产能力，提高我国农产品的国际竞争力，最终实现绿色、高效、优质、高产、低碳的应用目标和农业可持续发展。

二、重点任务

（一）主要粮食与经济作物重大病虫害抗性改良与分子设计

解析重要病原物侵染致病的分子机制；克隆病原物关键致病相关基因；鉴定病原物效应子在致病过程中操控寄主植物生理及代谢的靶标基因；研究寄主作物及非寄主植物对重要病原物的免疫识别机制；建立和完善作物先天免疫改良的研究技术，创制持久抗病的基因改性作物品系；深入研究农作物重要病虫害的区域性发生规律和灾变机制，发展病原物致病型群体变异的监测、预警和控制新技术；研究不同地域作物抗性品种所含抗性基因的调查及合理布局技术。

（二）主要粮食与经济作物高效栽培生理学基础与分子调控机制

解析干旱逆境信号转导与脱落酸（abscisic acid，ABA）积累的细胞与分子机制；解析高效用水用肥中气孔开关调控的细胞与分子生物学机制，分离克隆一系列调控气孔开闭的基因，利用基因组学和生物信息学技术对保卫细胞的基因表达图谱进行分析，测定 ABA 调节过程中第二信使即钙离子（Ca^{2+}）的作用，为调控气孔开闭、提高水肥利用效率提供理论基础；解析高效用水用肥中根生长调控的细胞与分子生物学机制，从分子生物学及基因功能方面探讨根系的向水性及高效吸收水分和养分的生理机制，以期通过基因工程手段提高作物对水分和养分的利用效率，以及利用基因工程培育抗逆、高效用水用肥的作物。

（三）主要粮食与经济作物资源利用与丰产优质协同调控机制与技术

解析主要粮食与经济作物的产量与水肥利用效率提升的协同过程

及其环境措施互作机制，突破节水节肥条件下产量挖潜的关键技术与产品，开发水分和养分资源高效利用的新型种植制度、抗旱节水耕作栽培、水肥一体化技术，建立作物产量与资源效率协同提升的关键技术体系；解析作物抗逆生理与营养品质、加工品质等形成的生物学机理与品种-环境-措施互作机制，研发作物品质调优、抗逆丰产关键技术与产品，实现量质齐增、抗逆丰产生产；研发农田基础地力、耕层优化与肥力定向培育、耕地质量提升、中低产田持续改良技术与产品，构建土壤保育持续利用理论与技术体系，实现“藏粮于地”目标。

（四）主要粮食与经济作物全程机械化智能高效栽培技术体系

在高功效、低排放、网络化、智能化农机作业及控制装备研发的基础上，融合农艺和农机，突破农田作业的变量施肥、智能化施药、精准化作业等关键核心技术，实现主要粮食与经济作物生产的耕种管收储运加全程机械化、精准化和智能化。

（五）主要粮食与经济作物绿色高效低碳生产技术集成与模式构建

建立作物生产系统实时定量监测与数字化智慧决策系统，突破主要粮食与经济作物标准化生产和轻简化栽培、生长与环境因子监控、精准化管理等关键核心技术，通过布局优化、品种挖潜、资源利用、生态保护、精准管理、服务创新等技术集成，构建作物生产全程机械化、精准化和智能化的现代综合技术体系，以及环境友好、低碳节能、安全标准的绿色增产增效生产模式。

三、发展路径

围绕国家粮食安全与农业绿色发展战略科技需求，聚焦种植业绿色高效低碳生产，重点开展主要粮食与经济作物重大病虫害抗性改良与分子设计基础研究，解析主要农作物高效栽培的生理学基础与分子调控机制，以及主要农作物资源高效利用与丰产优质协同调控机制，构建作物全程机械化智能高效栽培技术体系，形成主要粮食与经济作物绿色高效低碳生产技术集成模式。通过项目实施，到 2035 年前后，相关基础研究和关键核心技术获得突破性进展；到 2040 年前后，作物病虫草害发生预报系统全面建成，实现作物全程机械化与健康安全生产，基于信息驱动的智慧农业得到全面实现。具体发展路径见图 7-1。

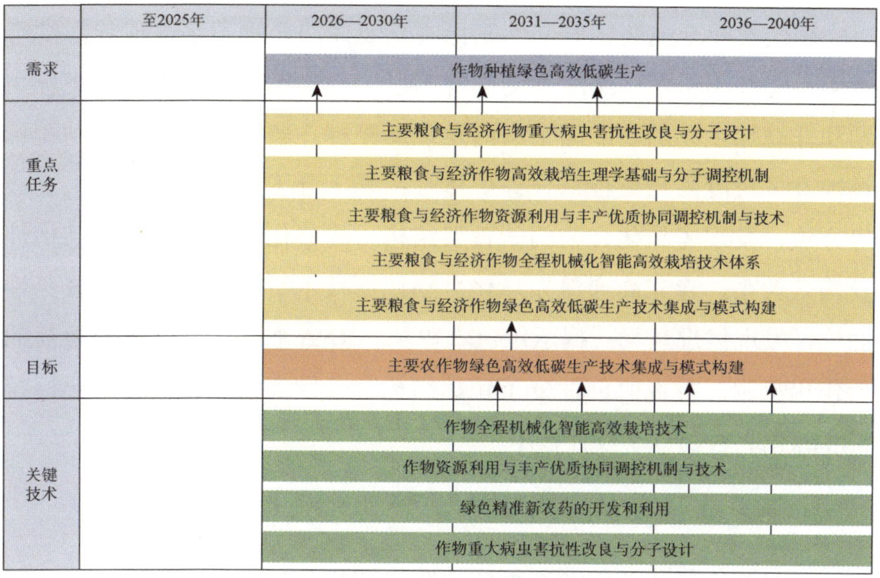

图 7-1　面向 2040 年的种植业绿色高效低碳生产发展路线图

第二节　重大动植物病虫害防控

一、应用目标

生物安全关乎人民生命健康，关乎国家长治久安，是国家总体安全的重要组成部分。重大动植物病虫害防控是生物安全的重要组成部分，其有效实行需要做到以下方面：快速感知识别新发和突发传染病、重大动植物疫情等风险因素，做到早发现、早预警、早应对；实行积极防御、主动治理，坚持人病兽防、关口前移，从源头前端阻断人兽共患病的传播路径；建立更精准、更有效的动植物疫病防控体制技术体系。

二、重点任务

（一）新靶标发现及候选药物筛选

聚焦农业合成药物原创性靶标匮乏及候选药物不足等现状，综合运用功能基因组学、结构生物学等手段，通过比较生物学研究靶标生物和非靶标生物的功能因子从而发现新靶标，建立从活性分子到靶标调控及多尺度生物靶标综合评价体系；基于分子设计、天然仿生合成等方法，发现先导化合物的新骨架结构，构建化合物库并优化其构性及构效关系，建立高通量先导化合物挖掘技术平台，系统开展成药性评价，发现候选药物。揭示绿色农兽药、RNA农兽药和纳米农兽药的新作用机制，发现原创性分子靶标结构；分别突破原创性分子靶标挖掘和绿色农兽药分子设计技术。

（二）重大药物品种创制与产业化关键技术研究

针对重大病虫草害和畜禽疫病防控药物品种短缺和高毒高抗药物替代等问题，开展临床前与临床研究、残留与毒性检测、田间试验等，优化制备工艺，建立质量控制标准，构建合成药物创制核心技术体系，研发成熟、稳定、安全的重大药物新品种；系统开展生产工艺、中试放大、质量控制等技术体系研究，建立药物创制流程化生产链，研发主要动植物重大病虫草害抗性品种筛选技术和抗性品种合理布局技术；创制出具有重大国际影响力的绿色农兽药新品种；筛选出主要动植物重大病虫草害的抗性品种。

（三）重大动植物疫病诊断试剂与疫苗创制

针对我国的重要动植物疫病，开展疾病快速检测的诊断试剂产业化关键技术与诊断装备研发，研发溯源、精准诊断技术和产品，发掘特异性诊断标识，研发适合现场快检的可视化检测技术与产品、实验室确诊的高特异性检测技术与产品、鉴别诊断技术与产品；研发群体监测及预防治疗技术，开展疫苗产业化技术研发，以及疫苗佐剂与保护剂研发。

（四）高效制剂递送与安全性评价

为提高创新药物的药效，优化制剂释放方式、组成成分等手段，建立微囊化、纳米化等新型药物精准递送体系，解析组合药物制剂增效减毒的分子机制，发展高工效、轻简化绿色制剂技术，开发口服剂、吸入剂等新型复方制剂；建立药物生态毒理评价和微生物毒理学每日允许摄入量制定等新方法、新技术，结合药理学、毒理学、靶动物/植物安全性、田间试验等系统试验，构建药物的风险性评估技术体系。

三、发展路径

围绕重要动植物病虫草害绿色防控问题，开展原创性分子靶标挖掘、药物分子设计及重大药物品种创制等方面研究，发现原创性分子靶标，发掘优质高效的分子资源，创制重大原创性农兽药品种，发展全程绿色防控技术，加强技术集成创新；掌握我国适栽品种的抗性和所携带的抗/感病基因分布，明确抗性基因与有害生物遗传变异的共进化关系、重要动物疫病与人兽共患病的病原学与致病机制、重要动物病原菌耐药性流行与传播机制，为动植物病虫害防控技术研发提供理论基础；结合基因编辑和结构生物学技术，针对重大病虫草害和畜禽疫病防控药物品种短缺和高毒高抗药物替代的问题，研发成熟、稳定、安全的重大药物新品种。

目前，植物病虫害致病机理与关键技术、靶标特异的农药先导化合物设计与合成等研究不断深化和推进。到 2035 年前后，上述工程科技研究都将达到专项实施目标；到 2040 年前后，绿色农药、RNA 农药和纳米农药的新作用机制发掘体系，原创性分子靶标挖掘和绿色农药分子设计技术，以及主要农作物重大病虫草害抗性品种筛选技术和抗性品种合理布局技术体系将全面建成。在动物疫病防控方面，通过逐步完善动物疫病防控基础设施和重大平台的建设，一批重大动物疫病的流行规律、发病与免疫机理将得到充分阐明，疫病防控理论及应用科技水平明显提高，一批高效的疫病防控技术产品将得到推广应用，我国重大动物疫病将得到有效控制；随着动物疫病预警体系平台的建立，结合生物安全、诊断、疫苗等防控技术的集成使用，我国动物疫病综合防控技术体系将趋于完善，动物疫病综合防控能力大幅提升，重大动物疫病和人兽共患病防控将得到有效控制，外来疫病传入风险进一步减弱。具体发展路径见图 7-2。

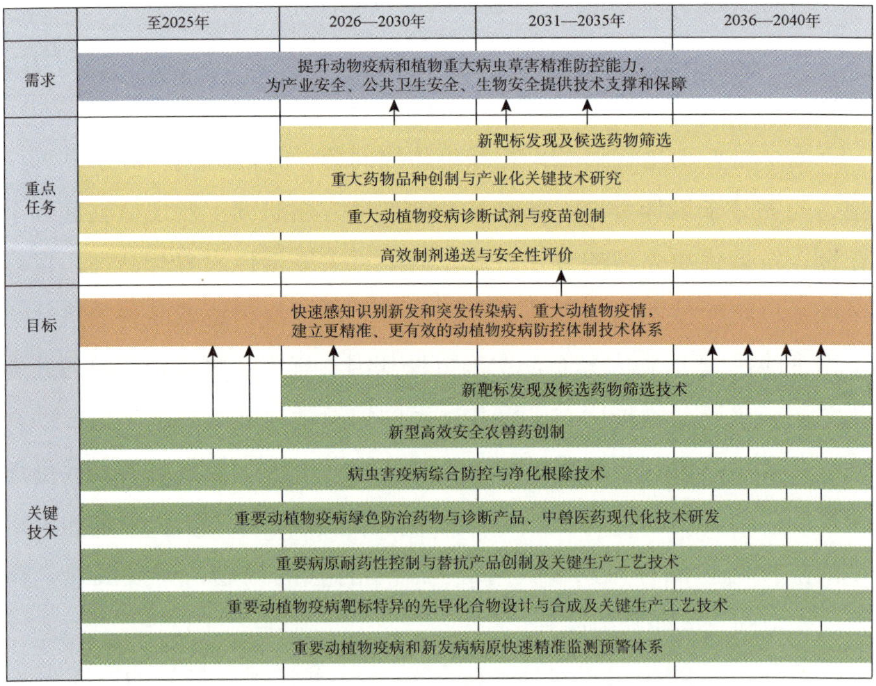

图 7-2　面向 2040 年的重大动植物病虫害防控发展路线图

第三节　生态健康养殖

一、应用目标

我国畜牧业正处于由粗放生产方式向以科技为主导的集约化、精准化生产方式转型升级的阶段，从现在到 2040 年是我国畜牧业现代化发展进程的关键时期。本节以创新驱动发展战略为指引，以科技进步为推动力，密切围绕动物营养工程、动物源性食品安全控制、畜禽健康环境调控及可持续发展生产生态系统等关键技术开展专项研究，提高饲料转化效率，减少动物源性食品安全威胁，建立畜禽养殖废弃物养分综合管理体系，提出适合不同生态区域的养殖规模和养殖模式，构建畜禽养殖可持续发展生产生态系统，从而加快我国畜牧业升级换代，促进我国畜牧业、种植业与人居环境更好地协调发展。

二、重点任务

（一）动物营养工程关键技术研究

研究畜禽饲料高效利用的营养代谢基础与营养调控技术、畜禽饲料营养价值评定与饲料精细化加工技术、畜禽精准营养供给与减排技术，建立蛋白能量饲料生物制造与非粮饲料资源开发利用体系。

（二）动物源性食品安全保障技术研究

研究饲料饲草真菌毒素危害控制与生物降解技术，开发真菌毒素污染控制技术和产品；开展饲料饲草与畜产品质量安全检测及风险评估，建立饲料饲草与畜产品安全风险评估体系；开展饲用抗生素替代技术与产品研发，创制免疫防御肽、微生物制剂等抗生素替代产品、有机微营养、新型植物提取物和药食同源添加剂等制备技术和工艺，创建畜禽无抗生素饲料综合技术方案。

（三）畜禽健康环境调控关键技术研究

研究畜禽生态高效养殖智能环境调控技术，解析现代畜禽生态养殖环境参数阈值与多参数调控技术，研发配套环境调控软硬件系统；研发畜禽场空气污染物调控与减排技术，以及舍内、场区空气环境净化和氨气的回收再利用及空气污染物的减排措施、技术与装备；研发养殖废弃物综合处理与高效养分综合管理技术，建立畜禽养殖废弃物高效养分综合管理技术体系与装备。

（四）畜禽养殖可持续发展生产体系构建

解析饲料饲草化学成分在粪污-土壤-植物中的迁移转化规律，揭示营养与重金属的迁移转化规律；阐明霉菌侵染、霉菌毒素合成危害动物健康和畜产品品质的分子机理；研发种养一体化循环关键技术，构建种养一体化循环模式，提出适合不同生态区域的养殖规模和养殖模式；构建典型区域种养循环机制解析及种养循环模式，提出不同生态区域的种养循环模式，研究制定不同生态区域家庭养殖场标准化建设方案，建立个性化种养循环应用模式。

三、发展路径

通过畜禽饲料高效利用及营养代谢调控技术、高效养殖智能环境调控与废弃物处理技术创新与应用，达到畜禽饲料的精准供给、废弃物的综合高效利用，促进资源节约利用；通过动物源性食品安全控制技术产品的应用推广，为社会提供安全优质的动物性产品；构建环境友好型畜禽养殖模式，提高养殖效益，保障畜牧业的持续稳定发展。具体发展路径见图7-3。

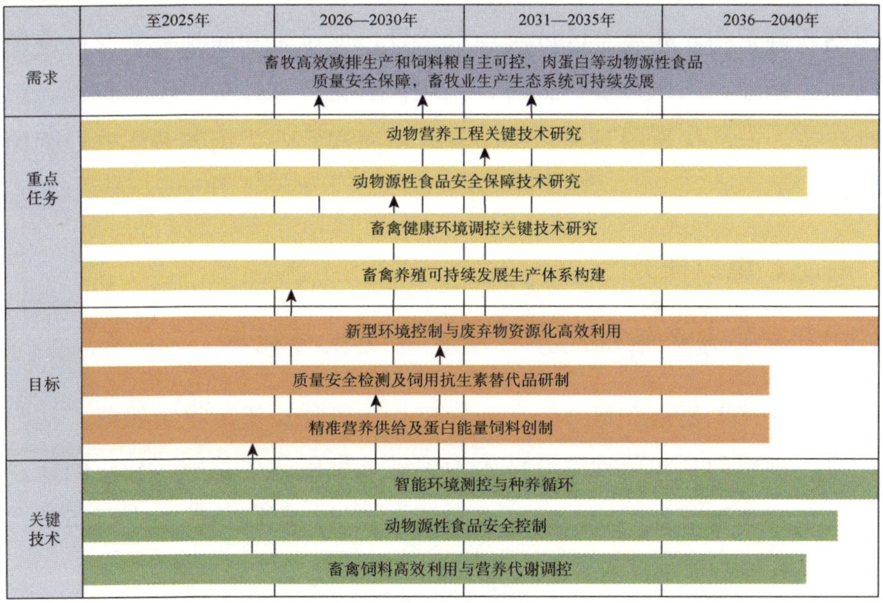

图 7-3　面向 2040 年的畜禽生态养殖发展路线图

第四节　海 洋 农 业

一、应用目标

根据海洋农业发展的新形势和新趋势，针对我国水产业发展面临的主要问题和重大科技需求，以优质蛋白高效供给、粮食安全战略保障和资源环境持续利用为目标，通过科技创新驱动产业发展新动能，基于“绿色生态、集约融合、精准高效、智慧智能”的理念，构建具有国际竞争力的新型精准绿色渔业生产体系，以“资源养护、品种培优、养殖提质、捕捞增效、加工增值、装备升级”为主线，推动种业创新提升产业效益，养殖革命促进绿色生产，捕捞跨越拓展战略空间，加工增值引领市场消费，装备升级推动产业升级，最终构建结构完整、运行高效的海洋农业科技创新体系。聚焦精准育种、智慧养殖、智能捕捞、绿色加工的关键理论创新、技术突破和产品创制，注重创新链条构建和典型区域及场景建设，促进主导品种更普及、养殖技术更精准、国产装备更智能、渔业管理更智慧，实现产业优化、产地优美、产品优质的目标，推动我国从海洋农业大国向海洋农业强国迈进。

二、重点任务

（一）海水养殖优异种质资源发掘与利用

以选育主要水产养殖新品种为核心，以种质资源收集保藏、基因挖掘、种质创制和苗种繁育技术为关键，突破遗传基础、种质创新、高效繁育、示范推广等关键环节的核心技术，创制单性、少肌间刺、抗逆境且具有市场竞争力的突破性重大新品种。

（二）绿色健康养殖模式构建

攻克水产绿色养殖模式构建技术，构建海水池塘生态养殖模式综合效应评估指标体系，研发水产养殖轻简化、工程化、机械化、精准化设备，生产鱼虾蟹贝藻等水生动植物食品，大幅提升水产养殖的自动化、精准化生产能力，建设“一条鱼”工程模式，以及全产业链发展模式。

（三）深远海工业化养殖智能装备研发

研发深远海养殖环境监测与安全预警技术，筛选适宜的养殖鱼类种类，研究主要养殖鱼类对深远海养殖环境的生物学和行为响应及其机制，发展主养鱼类健康养殖技术和模式，构建深远海养殖综合平台，研制深远海养殖关键配套装备和智能化管控系统，开展技术和装备集成，实现深远海绿色工业化养殖规模化生产。

（四）深远海智能精准捕捞装备研发

开展工业化绿色养殖、海洋生物资源开发和海上物流信息通道建设，构建“养-捕-加”一体化、“海-岛-陆”相联动的全产业链渔业生产体系，尤其向外海深水渔场探查与负责任捕捞、深海渔场资源定向聚捕与智能装备、大洋生物资源精准探查与高品质捕捞等方向发展。

（五）水产品高效高质加工技术升级

开展传统水产品品质提升加工关键技术研发及产业化应用、以大宗低值水产品与新资源为主要原料的新型水产食品开发关键技术集成与应用、副产物高效利用及其绿色加工关键技术攻关与产业化应用等，推动水产品加工产业转型升级。

（六）水产品品质饲料营养机制与精准调控

研究水产品的营养、风味、口感等的形成机理及其品质的营养学调控技术，解析水产品中异味物质形成的机理及清除机制，探明水产品中有毒有害物质的摄入、代谢、积累及清除关系，研发水产养殖产品安全保障及品质调控技术；根据构建的精准营养需求数据库平台，探究关键共性技术及关键调控靶点，通过对不同水产养殖动物饲料配方设计的精准调控，实现精准配合饲料的研发。

（七）水产动物重要疾病精准防控

系统阐明水产动物重要病原的生物学特性、毒力特征与致病机理，探明重要水产养殖动物的先天免疫系统与适应性免疫系统的组成、基本特性及应答规律，明晰水产动物的免疫防御机制，揭示关键环境生态因素对病原-宿主互作的影响机制；开发一系列的现场便捷精准诊断技术产品，建立水产动物疫病风险因素监测与快速评估技术；建立高效的疾病防控生物制剂应用策略与效果评价技术体系。

三、发展路径

聚焦精准高效育种、绿色健康养殖、远洋智能捕捞、高效高质加工等领域，实现重大原始创新突破，并应用于“种养加”一体化全产业链水产种业基地、智能精准养殖场、远洋极地渔业资源高效开发、大宗水产品绿色智能加工基地、远洋极地产品陆基精深加工示范基地等场景。通过构建精准育种、绿色养殖、精准探捕、高质加工等技术体系，引领海洋农业科技创新，提升自主创新能力，保障优质蛋白供给，促进现代渔业转型升级，实现我国海洋农业从“并跑”向“领跑”的跨越发展。具体发展路径见图7-4。

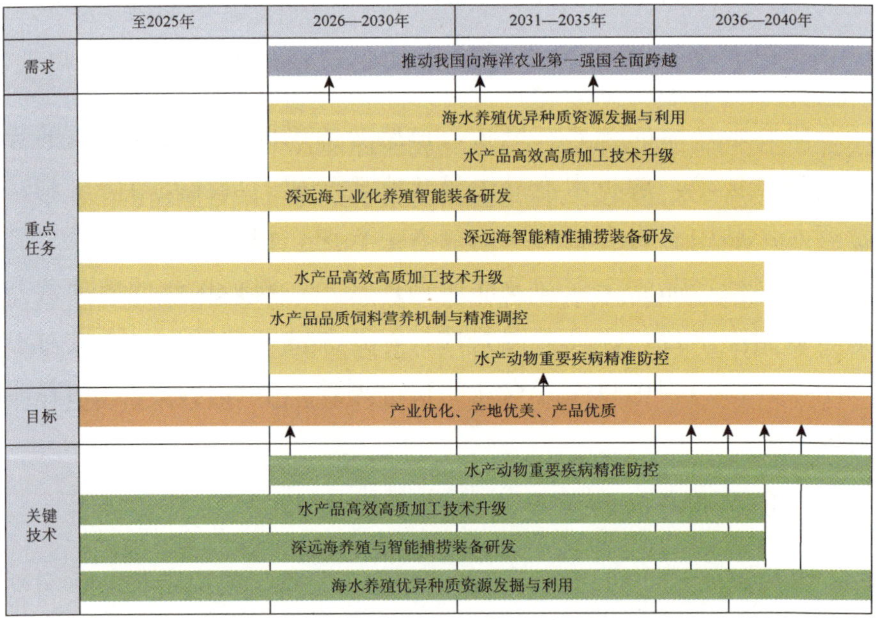

图7-4　面向2040年的海洋农业发展路线图

第五节　林木碳汇功能提升与增值利用

一、应用目标

围绕全球气候变化和实现“双碳”目标的新形势和新要求，针对我国森林等主要陆地生态系统碳汇功能提升和增值利用过程中面临的主要问题和重大科技需求，以森林生态系统增汇潜力提升和空间挖掘拓展为目的，通过林木碳汇功能提升理论创新与增值利用技术革新，以提高森林质量和效益、增强森林生态系统的稳定性、提升森林碳汇功能、加快林木资源绿色高效利用为主线，推动林木碳汇监测智能化、林木碳汇潜力评估精准化、林木资源绿色利用高效化，打造“双碳”目标与林木资源高效利用双赢局面。

二、重点任务

（一）多维度林木碳汇智能监测体系构建

基于大数据的林木碳汇智能监测分析、协调空天地的多源观测手段，研发多维度林木生态系统碳汇参数提取技术，实现林木碳汇定量因子的高精度年度更新，构建多维度森林生态系统碳汇监测体系；建设智能感知、计算、分析、决策一体化的智慧碳汇能力分析服务平台，提供生态系统碳汇潜力评价、优化和智能决策服务。

（二）森林生态系统固碳过程与稳定性机制

研究森林生态系统有机碳库关键属性的空间分布规律特征，解析森林生态系统土壤碳库形成与稳定机制；研究森林生态系统土壤碳库关键属性和土壤碳转化的关键过程对全球变化的响应及生物与非生物机制；探究植物及土壤微生物群落对土壤有机质稳定性的影响机制。

（三）森林生态系统碳汇形成的经营技术

研究揭示关键结构要素的调控对林木生长的影响机制；研究森林生态系统的稳定性和退化机制，构建多功能目标下森林结构调控技术和林草生态系统恢复潜力评估及修复技术；开展人类不同经营活动模式对森林生产力的影响研究，阐明森林生态系统碳汇形成的经营技术。

（四）林木碳汇计量模型与增汇潜力精准预估

研发不同时空尺度下多源数据融合的森林生态系统碳储量精准计量模型，实现森林生态系统碳汇多尺度计量和碳汇潜力预估的天地人一体化智能监测管理，准确预估典型森林生态系统碳库潜力。

（五）林木资源绿色加工利用

研究木材多维结构调控与绿色制造、林木化学与生物转化、非木质资源化学与利用，解决木材细胞壁结构解析与可控重组、木质纤维精准解离与定向转化、次生代谢活性物发现与仿生合成等林木生物质低碳高效利用重大科学问题，创制低碳建筑材料、先进功能材料、医药中间体等产品，构建林木生物质资源化低碳高效利用理论与技术体系。

三、发展路径

聚焦森林生态系统碳汇精准计量、不同气候情景下森林的碳储与碳汇潜力准确预估、生态系统碳汇功能提升、林木资源绿色加工等领域，实现重要理论创新和关键技术突破，通过构建林木碳汇智能监测、不同情境下林木生态系统碳储量空间格局动态监测与智能评估、林木资源绿色加工增值利用等技术体系，引领林木碳汇科技创新，加快林木资源绿色加工增值利用，积极稳妥推进“双碳”目标，促进林产品利用产业升级，协同提升森林资源的生态、经济、社会效益。具体发展路径见图 7-5。

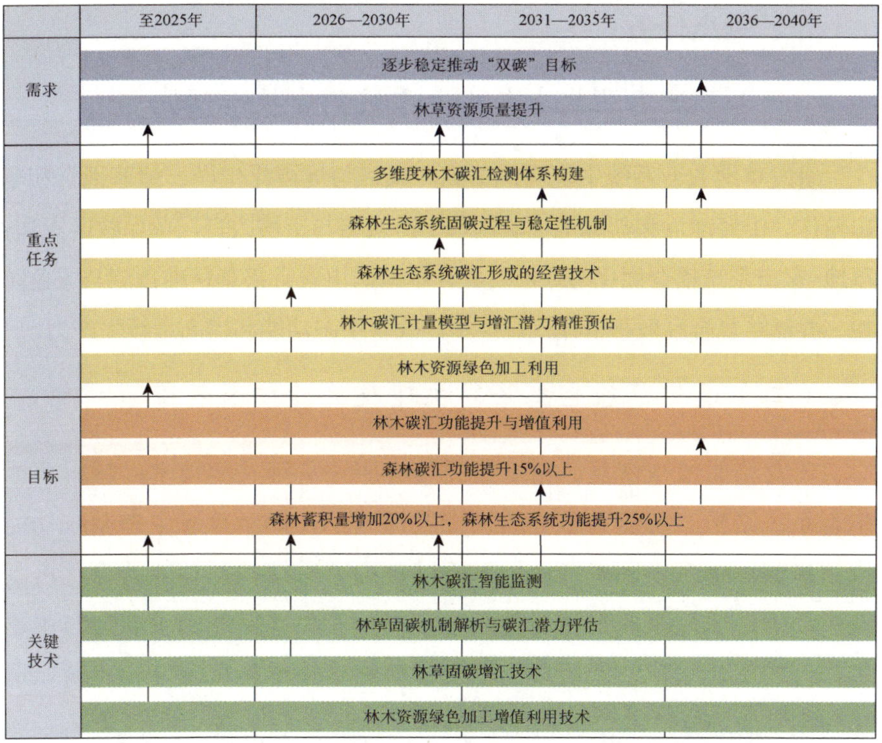

图 7-5　面向 2040 年的林木碳汇功能提升与增值利用发展路线图

第六节　草原草业高质量发展

一、应用目标

围绕保障草原生态安全和促进草牧业发展的国家重大需求，针对优良乡土草种质创新不够、草地生态退化严重、优质草品种和草产品匮乏、草畜一体化程度不高、智慧草业与数字草原发展缓慢等瓶颈问题，重点开展草种质资源重要优良性状形成机理、草原生态系统功能退化机制及维持、草原保护利用与草产业提质增效等方面的基础理论和关键技术研究，大幅提升我国草原生态修复利用及草产业规模化发展水平，实现草原草业高质量绿色发展。

二、重点任务

（一）草地农业生态与生产系统耦合技术研究

研发草地农业系统中优质饲草高产栽培与规模化生产、粮草耦合和草田轮作、沿海滩涂和盐碱地优质饲草丰产栽培与土壤改良、草原牧区人居-草地-家畜系统耦合优化与绿色发展、草地病虫鼠毒害草精准预测与绿色防控、乔灌草复合高效种植模式等技术，改善生态功能和提高系统生产力。

（二）退化草原生态修复机理及关键技术研究

研发草原植被恢复、精准监测与健康评价等关键技术；解析草原生态系统结构、功能和服务的调控关键因子，揭示草原生态系统功能维持机制；揭示不同干扰作用下不同类型草原结构与功能的退化机制及驱动力，厘清草原退化与恢复过程中草原生态系统的生产力与生物多样性的变化规律，阐明草原植物群落稳定性维持机理，构建草原退化与恢复的理论技术体系。

（三）草种质资源创新与良种生产加工技术研究

阐明主要草种质资源多样性分布和演化规律；解析优良牧草重要性状杂种优势形成的机理；探索饲用草重要性状定向分子育种遗传学基础；研究重要豆科草授粉生物繁育与利用技术、草类杂交优势利用技术；研发草种适时与低损收获加工技术。

（四）优质饲草生产及产业化利用技术研究

研究优质饲草高效生产、多功能草产品加工、功能性草产品精深加工与生物合成、饲草添加剂研发及草畜一体化等关键技术与装备。

三、发展路径

聚焦草原生态保护与草业高质量发展需求，重点突破草原生态系统稳定性维持与恢复重建、多元化优质饲草产品加工等关键技术瓶颈，提升草原生态修复利用和饲草生产加工水平，实现饲草产品生产的标准化和规模化经营，解决草原生态退化和优质饲草短缺问题，促进草原草业经济增长方式从要素驱动型向创新驱动型、从粗放型向集约型转变，快速提升草业和草原整体科技创新能力，为保障国家粮食安全、促进生态文明建设、实施乡村振兴和低碳发展战略做出重要贡献。具体发展路径见图 7-6。

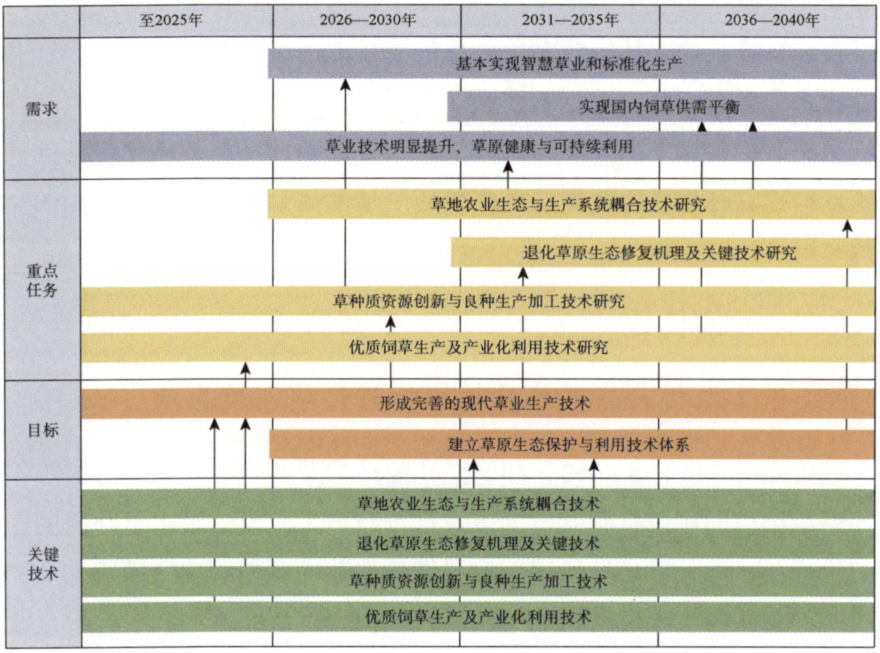

图 7-6　面向 2040 年的草原草业高质量发展发展路线图

第七节　农林资源高效循环利用

一、应用目标

农林资源是重要的可再生碳资源，是贮碳降碳的重要载体，对于人类的生存和社会发展具有不可替代的作用。在全球视野下，以碳资源为核心的国际环境博弈逐渐出现，将推动国际社会发生系统性变革。2020年，我国农林废弃物资源达到50亿t（陈方等，2018），面向2040年，农林资源利用低效低值问题已成为我国农业可持续发展的瓶颈问题。碳资源的高效转化及循环利用是实现人类社会可持续发展的重要途径，拓宽农林生物质碳资源化利用途径和提高利用效率对于实现“双碳”目标、推进能源革命、促进乡村振兴等国家战略的顺利实施具有重要意义。本节围绕国家重大需求，针对木材高效循环利用、非木质资源全质利用、木本粮油、木本饲料、竹藤资源、智能制造与采收装备等制约农林资源利用效率的重要方向持续开展基础研究、共性技术和集成示范，攻克制约产业发展的共性难题，阐明木材天然多维结构解析与化学调控、林源天然产物代谢调控与高效转化等基础理论，构建农林生物质新型低碳高效应用技术体系，实现农林资源的高效利用。

二、重点任务

（一）木材天然多维结构解析与化学调控基础

研究细胞壁骨架结构、细胞壁孔隙结构及细胞壁聚集体薄层等不同层级结构的调控机制；研究改性剂分布与反应模式对木材性质的影响机理；研究外界环境作用下木材结构失效的弱相和响应模式及调控机制；构建典型木质材料的结构与性能模型；研究木材分子解聚过渡态中间体保护与可控演化重组机制；研究木材主要成分分子功能化修饰及构效关系；研究木材纤维绿色拆解、表面修饰及复合机制；研究木质仿生材料等的合成规律，获得全组分加工新方法。

（二）木质材料与家居产品绿色智能制造技术研究

研究生物质原料改性与同步固化、环保阻燃剂制备等关键技术；攻克刨花板及纤维板气味减控、木质产品生产过程中粉尘污染减控与防爆等关键技术；研究结构用和户外用高性能重组木连续化制备关键技术及其装备；研究大规格集成木、轻质高强刨花板和高强度定向结构板材制备技术；研究超薄纤维板快速连续热压制备关键技术；研究全自动单板涂胶组坯与连续平压等胶合板连续自动化大规模制造、基于云平台的砂锯拣包储运一体化智能制造等技术，突破大幅面人造板贴面装饰、板材与部品的数据共享和网络协同制造、板材表面质量指标数字化等关键技术；研究木门产品数字化及个性化定制、木家具敏捷制造管控及信息溯源等柔性化生产、木地板产品全流程敏捷制造和定制等技术，构建木工数控装备通用接口标准体系，创制基于5G和工业互联网的定制家居智能工厂管控平台。

（三）木质纤维分子精准解离与定向转化技术研究

研究生物质组分精准解离机制、生物质大分子结构组装与调控、生物质热化学定向解聚与固碳机制、木质纤维素降解酶分子作用机制等核心理论与方法；发现功能碳材料微晶热解形成机制、碳结构演变与功能活性中心控制理论与方法，阐明木质纤维全组分热化学定向解聚与含氧过渡态构型可控演变规律，发掘木质纤维素转化微生物、关键基因及酶蛋白，多尺度解析微生物代谢网络和调控机制；创新生物基碳材料微纳结构调控、低氢耗选择性脱氧、生物基精细化学品创制、功能糖、C5糖高效生物转化关键核心技术；创制生物基功能材料、碳基催化剂、先进储能碳材料、特种燃油与生物基化学品等重大战略产品，实现行业基础科学问题突破与关键核心技术自主可控。

（四）次生代谢活性物发现与仿生合成技术研究

研究林木次生代谢物新型高通量深度挖掘理论与方法，解译重要次生代谢物生物合成途径，解析生物学功能构效关系，创新衍生化方法；发现具有抗肿瘤、抗病毒、抗菌、增强免疫及促生长等功效的新型活性物，基于多谱图学联用阐明生物碱、萜类、多酚等林木次生代谢物的分子结构与生物活性的构效关系；突破复杂萜烯类、多酚类、植物精油等绿色分离与分子精准拆分，单宁与生物碱等分子结构修饰与功能化调控，萜烯类与生物碱类等活性物生物合成，以及低碳精深加工等关键技术，创制生物碱、多酚类、萜烯类、糖苷类和功能糖等重要的林木医药中间体、新资源食品和饲料添加剂多元化产品。

（五）先进竹质材料绿色低碳加工技术研究

开展竹材多尺度结构解析，创新竹结构材单元智能分选与均密性控制、竹质工程材料与复合材料的自动化加工与轻量化制造、竹构件及围护系统模块化设计、竹结构节能防护一体化体系构建等关键技术；开发竹规格材先进制造技术，突破竹胶合板的连续制备技术，开展大跨度竹篾层积材、长竹束单板层积材、胶合竹层板的工艺研究、设备研制和性能评价，以及竹材室内/室外防腐处理、耐腐试验和防变色研究。

（六）木本油料绿色制油与全质利用技术研究

创新油脂功能成分分离技术，科学解析木本油料油脂及其副产物的高效分离机制，完善并创新低温低耗高效的制油技术与装备；研究油脂与活性成分的同步提取基础理论，深入挖掘木本油料中油脂及其他活性特征内含物之间的依存关系，重点解剖油脂伴随物对油脂产品的影响规律及作用机制，创新并完善新型精准适度加工技术体系。

（七）木本粮食绿色高效加工技术研究

阐明不同木本粮食的褐变原因和褐变影响因素，以及木本粮食的分级标准；解析木本粮食的褐变机理和分级检测方法，探究加工中控制褐变的物理学、化学和生物学方法；基于机器视觉技术和多源信息融合技术研究木本粮食缺陷识别技术，研发木本粮食分级分选工艺，构建控制褐变的技术体系，研制自动化检测分选系统及设备，研发智能化检测分选系统，为木本粮食精深产品开发奠定基础。

（八）木本饲料安全评价与提质增效技术研究

开展生物固氮机理、植物纤维分解机制等科学研究；解析抗营养因子的作用机制，并利用现代生物技术减缓或消除抗营养因子的影响；研究天然生物活性物和生物间关系的协调机制；研究现代木本饲料加工工艺，全面提升改进青藏、发酵、水贮、蒸煮、酸化、碱化及氨化等工艺水平；研究木本饲料精准配方技术、饲料原料多元化综合利用技术和木本饲料原料提质增效技术；研究林产资源制备功能饲料及生物活性饲料添加剂制备技术，研发饲料转化率较高的木本全价饲料和蛋白质、纤维素复合饲料；开展天然活性物饲料添加剂安全性和功能评价，建立规模化生产的关键技术及其调控手段。

（九）主要经济林果采收装备

围绕特色经济林果全产业装备作业中的关键技术研发与核心设备自主化，突破油茶、核桃、枸杞等的培育、采收关键技术瓶颈，重点研制油茶果采收、预处理、抚育及运输全程机械化装备，开展枸杞、核桃、蓝莓、枣、沙棘等林业浆（干）果类经济林果机械化采收装备研发，解决特殊立地、标准化立地条件下动力装备培育采收作业基础问题和生产中的技术瓶颈，建立林果生产机械化示范基地，加快林果生产机械化发展步伐。

三、发展路径

农林资源利用关系到农林业增效。本节围绕“双碳”目标、能源革命、乡村振兴、木材安全等国家重大需求，突破木材天然结构解译与低碳制造、木质纤维解离机制与定向转化、次生代谢物挖掘与仿生合成等重大关键技术，布局木材资源利用与智能制造、农林剩余物资源增值循环利用、经济林资源增值利用与绿色产品供给、农林资源增值利用装备现代化，构建农林资源利用产业技术体系，到 2040 年，实现农林资源全质、多途径、多元化利用开发，农林资源利用效率显著提升，循环利用率达到 100%。具体发展路径见图 7-7。

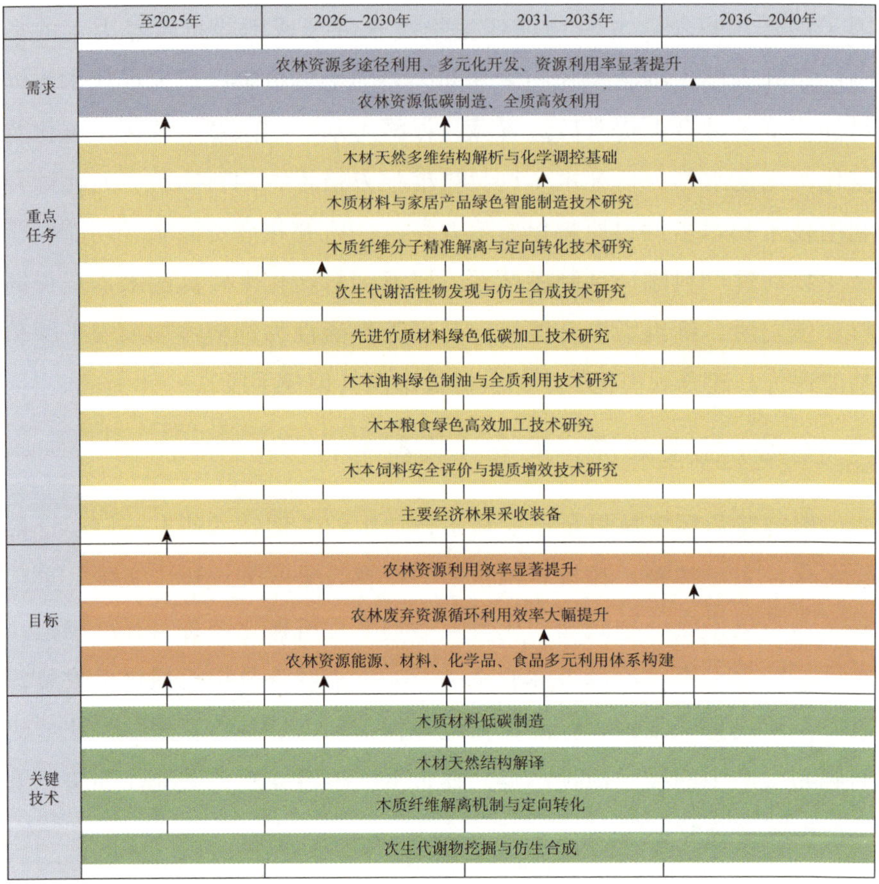

图 7-7　面向 2040 年的农林资源高效循环利用发展路线图

第八节　高水效农业

一、应用目标

高水效农业是系统节水思维的重要体现，它是指在一定的区域产量或效益目标下，在空间和时间上设计作物的种植和耗水过程，使区域作物的耗水量最小，最大限度地提高水分生产力和水分生产效益；或者在农业耗水总量控制、耗水强度管理的条件下，通过区域作物种植和耗水时空格局优化，达到区域产量与水效益的最大化（康绍忠，2022）。针对我国农业水资源紧缺和发展高水效农业的重大科技需求，研究创建作物生命需水信息实时多源感知系统，建立作物缺水和干旱胁迫精确诊断方法，创建作物高效用水生理调控理论体系；解析农业水资源转化多过程驱动机制，建立农业水资源转化全过程量化方法和模型，发展农业水信息实时智能监测方法，建立农业水网系统高效节能运行与智慧管控体系；建立农业水土空间格局优化理论与方法，创建与区域水土资源禀赋相匹配的高水效农业模式。根据区域水资源承载力，做到农业适水发展，加快发展高水效农业，大规模提高农业用水效率，最终破解农业用水短缺与食物安全和其他农产品持续稳产高产之间的矛盾。

二、重点任务

（一）作物高效用水机制与调控

融合遥感、高光谱、大数据等多源多维数据，研究大尺度复杂种植条件下作物生命需水信息高通获取与智能预报方法；研究基于电磁学与光谱学的作物水分、生理生化、生长发育无损原位监测方法；研究作物产量和品质形成的生理生化机制，构建作物水分-产量-品质模型，研发产量-品质协同提升的靶向立体调控方法。

（二）农业绿色高效节水装备与制剂研发

创制规模化灌溉管网适配的大型提水设备与多系统调控平台，突破黄河流域高含沙水农业水网系统供水保障率低的核心难题；创新高水效农业靶向调控制剂新材料、新工艺，研制有机-无机复合绿色保水剂、作物抗蒸腾气孔调节剂等系列化节水产品制剂；为作物-农田-区域多尺度农业水资源高效利用提供保障。

（三）区域水-土-气-生系统解析与模拟

研究区域水-土-气-生系统的耦合机理与结构解析方法；识别水-土-气-生系统各要素和各过程的特征参数；明晰不同生境条件下区域水-土-气-生系统的响应机理；解析大气背景-区域气候-水热循环-农业生产过程机理和互馈机制；研究区域水-土-气-生系统演进的伴生效应；建立区域水-土-气-生系统的量化表征方法与系统均衡理论；研发区域农业水-土-气-生系统耦合模型；揭示气候变化及农业生产布局改变条件下区域水-土-气-生系统的演变规律。

（四）作物水生产力多要素协同提升

探究作物水生产力对水肥气热多要素的响应机制及其与品种、灌溉、栽培、化控、覆盖、耕作的协同效应；建立水生产力多要素溯源与阈值确定方法，构建协同多要素的空间分布模型；研究区域作物的理想与实际水生产力空间分异规律，构建区域分布式水生产力多要素协同提升方法；建立以节水、丰产、优质、高效和环境友好为目标并适配区域资源的大田作物及设施果蔬水生产力提升技术模式；提出融合生物、农艺、工程、管理的空间分布式水生产力多要素协同提升综合技术方案。

（五）农业水网智慧建造与安全运行

研究农业水网系统（包括沟渠系统、管网等）的复杂水流推进动力学行为与精准模拟模型体系，分析系统水力响应机理与驱动因素；探索泵站系统多场耦合、水力瞬变过渡过程等分析技术，建立安全、高效、节能型水网调度泵站系统智慧建造与运行优化调控方法；研发超大规模化水网系统压力均衡、安全运行的优化调控方法与用水测控关键设备，探索农业水网失效的水动力学-水化学-微生物多过程耦合作用机理与适配性调控模式，保障农业水网系统高效安全运行。

（六）水土资源适配与水生产力格局优化

研究区域水土资源禀赋与时空演变规律；建立水资源刚性约束条件下的水土资源适配理论与方法；揭示国土空间布局中农业用地的影响机制和适配弹性；挖掘水资源刚性约束条件下适宜的农业节水措施及节水潜力；研发基于水土资源适配的农业用水总量与用水效率控制红线；制定区域水平衡与农业用地空间协调发展策略；确定变化环境下面向生态友好和食物安全的适宜农业发展规模；研究多尺度农业水生产力时空格局优化方法。

（七）农业-环境-生态协同多目标风险调控

研究农业水文过程与生态环境过程的耦合关系与互馈机制；辨识农业耗水与生态调控时空分异规律；解析水资源-粮食-生态环境系统的边界与作用机理；研究区域农业生产与生态环境多要素权衡机制与量化指标；建立基于水转化过程模拟与优化配置的农业水资源多目标优化决策理论与方法；制定农业-环境-生态协同的区域水资源多目标风险调控策略；确定基于生态健康的高水效农业布局与优化模式。

三、发展路径

聚焦水资源刚性约束条件下区域水生产力协同提升创新理论和方法，以创新水资源刚性约束条件下区域高水效农业范式为主线，重点推进黄淮海地下水严重超采区、西北内陆干旱区、东北三江平原稻作区、西辽河流域玉米浅埋滴灌区、黄河中上游提灌区、宁蒙河套灌区等重点区域的高水效农业发展。到 2030 年，在阐明区域农业生产对水-土-气-生系统的协同响应关系的基础上，创建区域农业水生产力时空格局优化方法；突破农业-环境-生态协同区域水资源多目标风险调控的理论瓶颈，提出农业发展规模确定方法；到 2035 年，研发超大规模化水网系统压力均衡、安全运行的优化调控方法与用水测控关键设备，保障农业水网系统高效安全运行；创新基于水-土-气-生系统动态互馈的农业水资源科学配置技术，创建区域农业可持续发展的水土适配理论与方法；到2040年，确定变化环境下适宜的区域农业节水调控策略，创建华北平原与东北平原粮食主产区节水增产、西北干旱缺水区节水提质、北方旱作区抗旱适水种植等区域高水效农业模式。具体发展路径见图7-8。

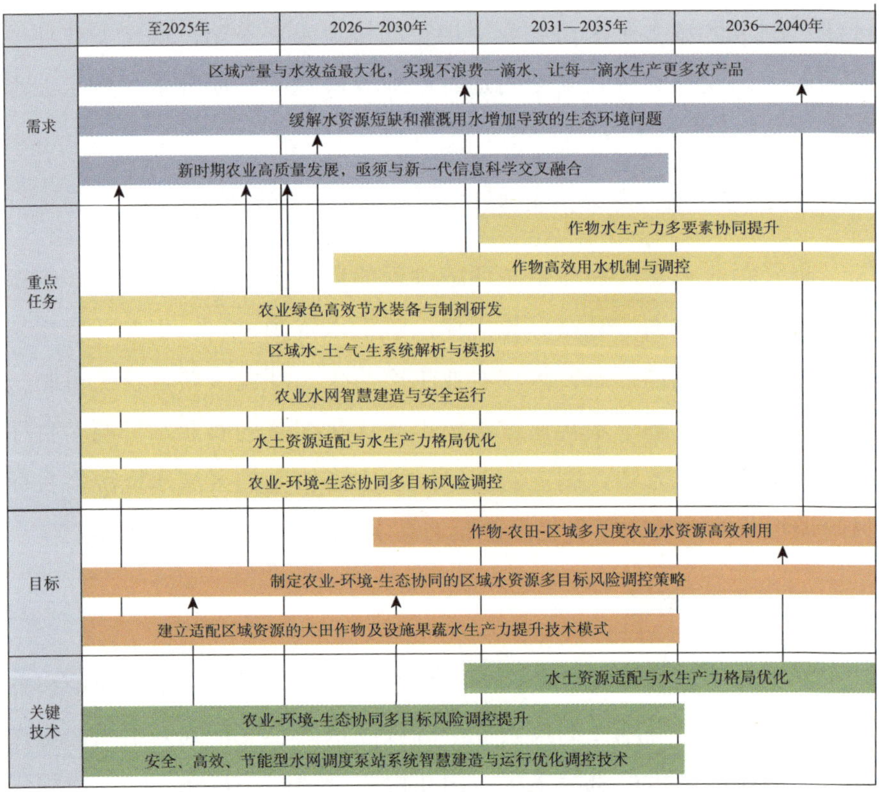

图7-8 面向2040年的高水效农业发展路线图

第九节 气候智慧型农业

一、应用目标

气候智慧型农业（climate smart agriculture，CSA）是联合国粮食

及农业组织于2010年率先提出的农业应对气候变化的一种新的农业发展理念和发展模式，旨在通过政策与制度创新、生产方式转变、管理技术优化，提高农业生产整体效率、应变能力、适应能力和减排潜力，实现粮食安全、气候适应和减少排放“三赢”目标。气候智慧型农业有助于解决粮食安全与固碳减排之间的矛盾，受到国际社会和学术机构的高度认可和积极响应。同时，气候智慧型农业总体上也符合中国农业转型和绿色低碳发展的战略需求，对于推动我国农业领域“双碳”目标的实现有积极作用（陈阜等，2020）。

二、重点任务

（一）强化农业应对气候变化基础研究

重点围绕作物、畜禽、草地的气候变化适应能力，固碳减排及资源高效利用生理生态机制与调控途径，以及监测评估理论与方法学构建等领域取得突破，增强农业应对气候变化的适应能力和恢复能力，使农业生产能够适应长期的气候变化，增强气候韧性，并有效降低风险。

（二）攻克农业固碳减排及低碳生产关键技术

在控制农业生产活动温室气体排放、增加碳汇和稳产高产技术方面取得了突破，包括低排放高产品种选育、稻田甲烷和氧化亚氮排放控制、绿色耕种、土壤固碳与地力提升、水肥资源高效利用、病虫害综合防治、防灾减灾、农林废物资源化利用、新能源开发利用、生物多样性保护、农业精准化管理与智能装备等技术；形成适应不同区域、不同产业特点的机械化、标准化、智慧化的农业应对气候变化的“碳中和”生产技术模式。

（三）建立农业绿色低碳技术标准与评估体系

研究建立并完善农业绿色低碳监测与评估机制，建立与国际接轨的碳减排方法学及相应的技术标准和技术规范，为确立发展目标和考核制度提供科学依据，为构建农业碳减排及碳交易体系提供技术支撑。

三、发展路径

紧密围绕国家乡村振兴战略和可持续发展战略，按照气候智慧型农业的“三赢”理念，全面提高农业系统的整体效率、应变能力、适应能力和减排潜力。到 2030 年，优先在国家粮食主产区建成一批气候智慧型农业示范县，基本建立起高效、安全、低碳、循环、智能的农业绿色生产综合技术体系，显著降低农业领域的温室气体排放，提高农田碳汇能力；到 2040 年，在国家粮食主产区、主要农产品生产保护区全面示范应用气候智慧型农业生产模式，推进农业绿色发展制度与低碳模式。具体发展路径见图 7-9。

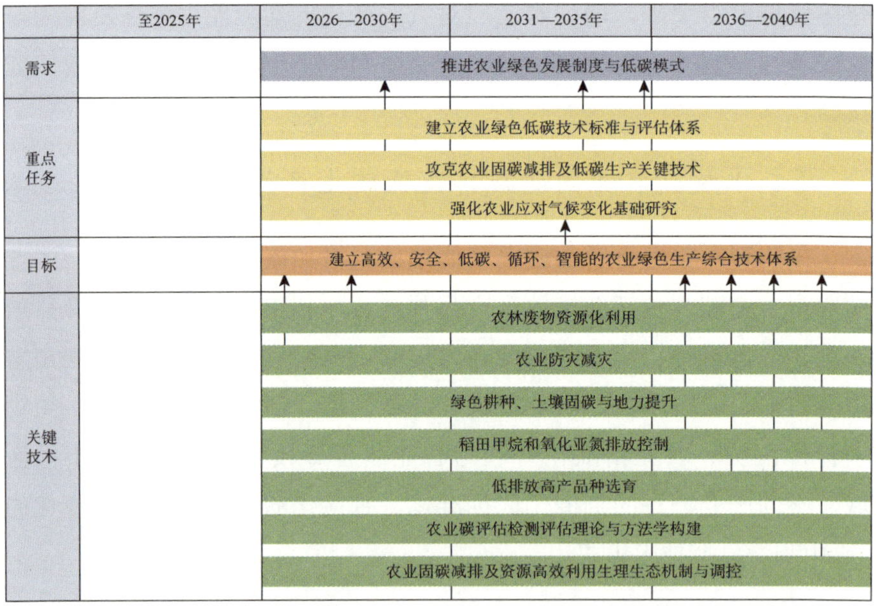

图 7-9　面向 2040 年的农业应对气候变化与智慧型农业发展路线图

第十节　山水林田湖草沙系统治理

一、应用目标

围绕统筹山水林田湖草沙一体化保护和修复要求，以“理论-技术-支撑”为主体思路（吴钢等，2019），针对山水林田湖草沙生命共同体多要素系统治理理论、技术、效益综合模式缺乏问题（傅伯杰等，2021），以青藏高原生态屏障区、黄河重点生态区、长江重点生态区、东北森林带、北方防沙带、南方丘陵山地带、海岸带等重点生态区（带）为对象（国家发展和改革委员会和自然资源部，2020），通过研究生态系统正逆过程演变过程及生态系统健康状况，揭示山水林田湖草沙复合生态系统的稳定性及其维持机制，明晰生态系统服务的时空变化规律及多要素、多过程耦合机理，进一步开发适应性结构功能调控与治理关键技术，集成山水林田湖草沙协同治理关键模式，构建山水林田湖草沙生态保护修复标准与成效评估体系，创新一体化生态系统监测融合技术，着力夯实重要生态系统保护修复关键技术基础，实现山水林田湖草沙生态治理能力体系现代化，为加快生态文明和美丽中国建设提供有力保障。

二、重点任务

（一）山水林田湖草沙复合生态系统稳定性与功能维持机制

建立健全生态系统健康诊断技术体系，开展重点区域山水林田湖草沙生命共同体的承载能力、适应性、脆弱性评价，客观评价生态系统的健康状况，识别生态问题（Fu et al.，2023）。研究多尺度生态系统结构功能特征及空间格局的地理分异规律和时间变化趋势，明晰生态系统类型与格局变化和服务功能效应之间的级联关系，定量解析气候变化及人类活动对生态系统格局变化的驱动机制。

（二）山水林田湖草沙系统多要素多过程耦合与协同演变机理

阐明山水林田湖草沙关键要素与生态环境的时空演变规律，研究复合生态系统物质-能量-信息耦合机制与量化表征、多界面生态流量过程和系统动力学机制及其生态效应（于恩逸等，2019）；揭示典型脆弱生态区变化环境下生态过程与社会经济过程的互馈机理，通过复合生态系统结构与区域分异、多要素耦合过程与时空演变趋势模拟、要素空间配置与生态环境的作用和效应模拟等，揭示生态环境演变中的山水林田湖草沙动态耦合规律，精确预测生态系统的未来状态。

（三）山水林田湖草沙系统结构功能调控与治理关键技术

研究典型林草植被类型及植物群落结构生产力动态变化及其水土保持、碳汇与生物多样性保护功能（傅伯杰等，2021）。建立水资源承载-水土保持-粮果生产-生态碳汇等功能高效协同耦合的多尺度农林复合经营、林草生态系统空间优化、群落功能构建与功能提升的重大理论和关键技术。基于空天地多尺度多源数据融合、大数据与人工智能算法和模型，多尺度解析典型生态系统演化、服务积累与传递、关键过程交互作用机制，研发生态系统恢复、低质低效森林质量提升和城市群生态功能精准提升、生物多样性保育技术，研究区域生态保护恢复空间布局优化、资源环境承载力和跨界面智能监测诊断预警技术，形成典型区域山水林田湖草沙系统时空格局优化与调控、生态治理和生态服务整体关键技术体系。

（四）山水林田湖草沙协同治理关键模式集成与示范

研究山水林田湖草沙景观综合体在生态系统-景观-区域多尺度上的

功能权衡关系与空间配置动态优化方法，构建综合生态系统保护与修复需求及社会-生态系统动态特征的景观镶嵌体沙盘推演模型，形成多层次、多要素和多尺度的生态系统保护和修复技术模式（李月辉等，2023）。建立生态产品的形成与可持续生产路径，统筹人地关系的生态富民策略和生态产品价值实现的市场-经济-技术政策与制度，形成以生态保护和修复为基础的生产产业发展模式，以及支撑生态修复和区域可持续发展的资源-生态-经济系统理论与技术。以山水林田湖草沙系统修复理论与技术体系为依托，发展和建立一批系统修复示范工程。

（五）山水林田湖草沙生态保护修复标准与成效评估体系

完善山水林田湖草沙生态保护修复领域的标准体系，提出生态保护修复成效评估参照系统选择及阈值识别方法，评估不同生态保护修复模式下的区域生态恢复成效，重点建立生态保护和修复成效评估指标体系和技术规范，制定山水林田湖草沙系统治理监管工作指南、修复工程实施成效指南等；补充和完善林草资源保护、湿地资源保护、野生动植物保护、自然保护地管理监测等相关技术规程或标准，优化水资源保护和水土保持技术标准体系（白中科等，2020）。

（六）山水林田湖草沙系统“空天地”一体化智能监测关键技术

针对我国专项监测评价条块分割、综合评价能力弱、监测信息不衔接等问题（Liu et al.，2021），研究林地、草地、湿地等生态系统综合监测抽样方法，研发图斑监测和样地抽样调查数据衔接技术，实现综合监测数据的一体化集成；研究山水林田湖草沙生态保护与治理过程动态模拟技术，为生态综合监测绩效评估提供科学数据和决策支持；全面整合现有监测资源，运用遥感技术、全球定位技术、地理信息系统技术、数据库技术和网络技术等高新技术手段，构建“空天地”一体化监测评价体系和大数据平台，实现对生态系统的全方位、多层次、长期性跟踪评价，动态实时监测生态治理工程进展，精准评估治理效果，构建重大工程和生态系统评估档案。

三、发展路径

通过揭示变化环境及生态保护修复措施对生态系统演替及生态系统服务的影响机制和规律，在技术上开发具有区域特色、基于自然解决方案的一体化生态保护修复技术与模式，在成效评价上构建以生产、生活、生态功能协同为目标导向的多尺度评估指标体系，在支撑体系建设上形成“空天地”一体化智能监测关键技术。到2040年，形成全球领先的山水林田湖草沙系统治理理论与技术体系，适用技术得到广泛应用，全国综合性生态监测监管和评价体系较为完备，山水林田湖草沙系统“空天地”一体化智能监测网络较为完善，建立一批山水林田湖草沙全要素、多功能协同提升的综合示范区，基本实现退化生态系统的有效恢复，生态保护修复治理体系和治理能力达到现代化水平。具体发展路径见图7-10。

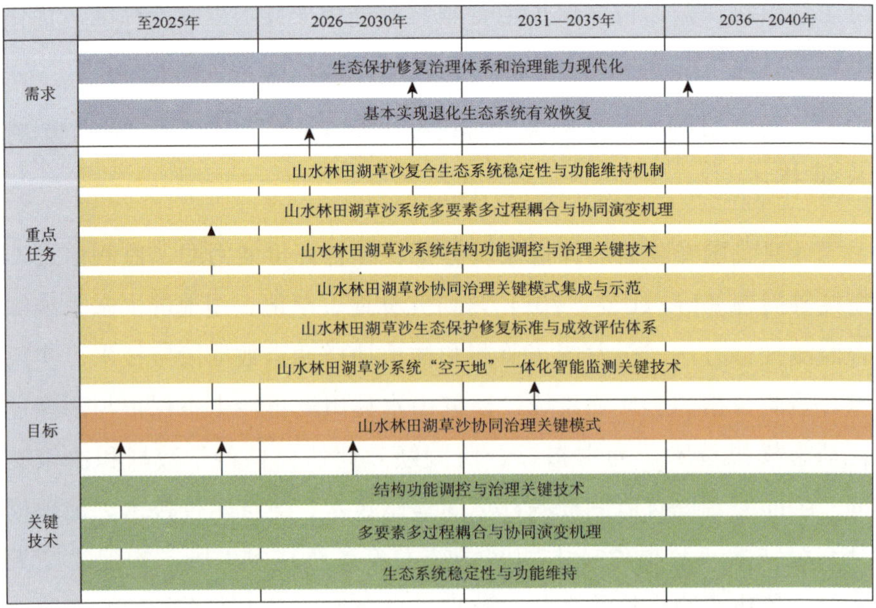

图7-10 面向2040年的山水林田湖草沙系统治理发展路线图

第十一节　食品生物智造与绿色贮运

一、应用目标

食品生物智造是利用生物体机能进行大规模物质加工与物质转化，为社会提供工业化食品的新兴领域，是以微生物细胞或酶蛋白为催化剂或以经过改造的新型生物质为原料制造食品，促使其脱离石油化学工业路线的新模式，主要表现为基因工程、细胞工程、发酵工程、酶工程、生物过程工程等新技术的发明与应用。食品生物制造主要体现在以下方面：一是对用作食品资源的植物、动物和微生物的遗传性状进行改造，改良其品质；二是对食品生物加工制造过程进行设计与工艺优化，提高食品品质，生产功能性食品，同时提高食品资源的利用率，降低能耗；三是食品制造过程中生物工具的改良和创制，包括新型食品微生物资源的发掘、酶的定向改造等，以提升食品的风味和营养等品质，提高能效；四是食品添加剂的生物制造。利用基因工程和细胞工程技术可对作为食品资源的动物、植物等进行品质改良，主要体现在提高动植物的抗逆增产性能、营养品质和加工性能等，有利于降低食品原料成本，提高食品品质。利用优良微生物和酶制剂，采用控制性发酵技术、代谢调控技术和在线检测技术等，对食品生物制造过程进行设计与工艺优化，可以改善食品的色泽、质构、风味及营养品质，生产功能性食品，提高生产效率，降低能耗。作为现代生物制造的重要组成部分，食品生物制造具有广阔市场和发展前景，必将带来食品工业的新变革。

二、重点任务

（一）食品生物智造

重点开展新型食品酶制剂的创制与高效催化、微生物发酵调控、食品资源品质改良、食品营养与功能等方面的重大基础理论研究。攻克食品生物制造领域的关键共性技术，针对天然食品的原料产量、加工性能和营养品质等方面的缺陷，以及传统物理化学方法对食品组分改造效率低、能耗高等问题，重点研究食品资源的生物改造技术、食品组分的生物修饰与改性技术，改善食品组分结构、功能和营养品质。充分利用丰富的微生物资源，重点研究食品酶制剂的固定化技术、分子修饰和改性技术，定向改造现有酶制剂的性质，研究定向酶解、多酶协调技术及酶反应分离耦合技术等。研究分子设计技术、高通量筛选技术、功能因子高效分离提取技术，制备具有特殊营养性、功能性和适用性的功能配料，用于功能性食品生产。

（二）农产品生物加工

基于微生物学、酶工程、分子生物学、代谢组学、发酵工程等多种生物技术，开发农产品生物加工专用新型酶制剂和微生物，并根据不同农产品的特点和加工需求，设计具有自主知识产权的农产品生物加工技术工艺，实现农产品的精深化、系列化加工，满足下游不同应用场景的实际需求。在精准营养、精细化学等基础研究的支持下，实现根据用户需求和应用场景对农产品进行定制化加工，开发针对不同需求和场景的农产品系列化加工技术，在提高农产品应用适应性的同时，最大限度地保留农产品本身的营养价值，同时赋予农产品更多的功能活性。开展农产品和农业副产物的系统综合利用研究，开发系列农产品高效化、优质化、绿色化、低碳加工利用技术。

（三）食品微生物基因编辑

在不同食品微生物中开发高效基因编辑技术，为关键基因和代谢途径的解析及功能产物的合成提供有力工具。通过高通量筛选方法，从自然界中筛选高产目标功能因子的菌株，之后用合成生物学的手段提高菌株的性能和产量。采用多组学策略、基因共表达技术、同位素标记法和基因工程等方法，发掘与代谢相关的潜在功能基因及转录因子，为其后续高效细胞工厂的构建奠定理论基础。挖掘更多食品功能因子的合成途径和关键调节基因，构建多种模块的功能元件，开发多种新型底盘细胞，如黑曲霉、地衣芽孢杆菌等，并以此为基础构建高效的工程菌株，同时将这些通路、模块元件、底盘细胞和基因等进行数据库构建。

（四）果蔬绿色贮运

研究果蔬品质相关的成熟、衰老的关键基础理论及机制，开发高效保鲜和减损关键技术；加强果蔬采后成熟、衰老的生物学基础研究、生鲜食品品质劣变和腐烂发生的机理及对外源因子的生理应答机制研究，为食品贮藏保鲜技术的研发和革新提供理论指导，对保证果蔬产业的持续健康发展具有重要意义。

三、发展路径

围绕国家未来食品生物制造与绿色贮运领域的发展战略需求，重点开展新型食品酶制剂的创制与高效催化、微生物发酵调控、食品资源品质改良、食品营养与功能、食品微生物高效基因编辑、果蔬的成熟与衰老等方面的重大基础理论研究，攻克农产品高值化综合利用，农产品新资源和新材料开发与利用，农产品绿色低碳生物制造，果蔬采后品质精准调控、高效保鲜和减损，以及智能装备设计与制造等关键共性技术。到 2035 年前后，上述工程科技研究都将获得突破性进展，达到专项实施目标；到 2030 年左右，绿色可持续性和高效多功能性食品新材料制造将逐渐获得突破，并推广应用到食品产业，农产品智能化和智慧化水平将得到大幅度提升，以食品为载体的精准营养与个性化健康调控将广泛应用，到 2040 年各项目标将全面实现。具体发展路径见图 7-11。

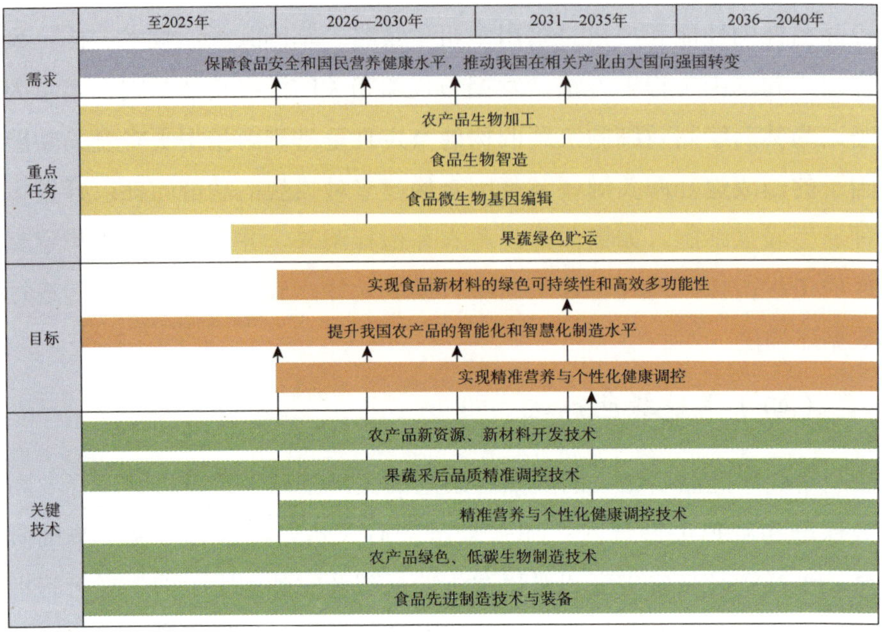

图 7-11　面向 2040 年的食品生物制造与绿色贮运发展路线图

第十二节　数字乡村与农村现代化

一、应用目标

面向 2040 年，农村现代化工程科技应针对事关农村国计民生的现实需求、生态文明建设，以实现乡村振兴为目标，以“产业兴旺、生态宜居、乡风文明、治理有效、生活富裕”为总体要求，在农村居住环境、基础设施、公共服务、生态环境、乡村治理等方面开展研究，在智慧村镇、农村大数据、基础设施和公共服务、空间治理、污染防治、产业融合、产居融合等方面进行关键性突破研究，依托新一代信息技术、人工智能技术的快速转化与应用，构建乡村万物互联的现代农村支撑体系，整合集成各项数字化及智能化技术，以科技引导和推动我国乡村发展逐步走向“智慧化、生态化、融合化”，全面实现和落实乡村振兴战略。到 2040 年，乡村数字经济蓬勃发展，农业生产信息化水平稳步提升，城乡间“数字鸿沟”大幅缩小，农民数字化素养显著提升。农业农村现代化基本实现，城乡基本公共服务智能化基本实现，乡村治理体系和治理能力现代化基本实现，生态宜居的美丽乡村基本实现，城乡产业融合的乡村振兴目标基本实现。

二、重点任务

（一）智慧型乡村住宅建设

利用村庄规划成果，优化村庄空间布局，挖掘村镇土地多功能，重点研发绿色、低碳、节能、生态、环保的村镇住宅建设新材料，建设智慧型农村，发展农村现代化新基建，研究农村宽带通信网、移动互联网、数字电视网和下一代互联网技术（熊小青，2020）。

（二）智能公共服务配置

研究新一代信息技术发展和无线传输、无线充电等技术，部署教育、医疗、物流、金融、村镇治理、交通等公共服务智能配置，推动农村地区水利、公路、电力、冷链物流、农业生产加工等基础设施的数字化、智能化转型，推进智慧水利、智慧交通、智能电网、智慧农业、智慧物流建设（王茂福和严雪雁，2023）。

（三）传统村落智慧保护修复

研究传统村落保护修复技术，重塑乡村文化风貌，挖掘传统农耕文化内涵，开展乡村文化振兴科普和宣传行动；以数字化技术为导向，以信息化为基础，引导城郊融合类村庄发展数字经济，不断满足城乡居民的消费需求，引导特色保护类村庄发掘独特资源，建设互联网特色乡村，引导搬迁撤并类村庄完善网络设施和信息服务，避免形成新的“数字鸿沟”（廖军华，2018）。

（四）乡村空间格局优化和景观功能提升

开展乡村聚落生态化建设，优化农村防护林结构配置，研究退化林改造和提升技术以及矿山周边废弃地植被恢复技术（郧文聚和宇振荣，2011）。

（五）农村废弃物处理和污染物治理

研究建设农村人居环境综合监测平台，强化农村饮用水水源水质监测与保护，实现对农村污染物、污染源全时全程监测；研究村镇生活垃圾源头分类减量和高效分选技术，对农村生活垃圾进行能源化、肥料化、材料化等无害化、资源化利用（操建华，2019）。

（六）农村农业新业态发展

将新一代信息技术深度融入乡村三大产业，发展农业新业态，围绕乡村发展重大需求，培育多元化市场主体，聚焦特色优势产业，培育三大产业融合的新业态、新产业和新集群模式，研究互联网平台新技术，以平台技术推动互联网与特色农业深度融合，发展创意农业、认养农业、观光农业、都市农业等新业态，新技术促进游憩休闲、健康养生、创意民宿等新产业发展，发展乡村共享经济（陈学云和程长明，2018）。

（七）农村产居融合

研究农村配套数字化、信息化基础设施建设技术，发展壮大乡村数字经济，推进现代农业示范园区建设，着力推进产城融合发展，围绕产业和住宅形成新产局结构，结构要根据人口的规模和需求，实现工作、消费、休闲、度假多样性功能的综合配置，开展面向数字农业、智慧旅游业、智慧产业园区的平台技术研究；研究乡村优秀文化资源数字化技术，建立历史文化名镇、名村和传统村落“数字文物资源库”“数字博物馆”，加强农村优秀传统文化的保护与传承，开展重要农业文化遗产网络展览，宣传中华优秀农耕文化，繁荣乡村网络文化，带动乡村智慧旅游（沈费伟，2021）。

三、发展路径

随着工业化、城镇化、信息化的深入推进，乡村发展正处于大变革、大转型的关键时期，网信事业快速发展，农村信息基础设施加快建设，线上和线下融合的现代农业加快推进，农村信息服务体系加快完善，数字化、信息化技术成为近年来农村领域的研究热点。到2040年，将围绕国家乡村振兴战略需求，完成发展数字智能乡村、建设绿色美丽乡村、构建现代乡村产业体系等重大任务，通过智慧村镇规划、建设与设计，乡村空间治理和污染防治，以及现代乡村产业融合、产居融合等一系列关键技术的研发，在各项工程技术研究上获得突破性进展，实现智慧化、生态化、融合化发展，使我国的农村现代化工程科技水平整体大幅度提升，乡村振兴水平持续提升。具体发展路径见图7-12。

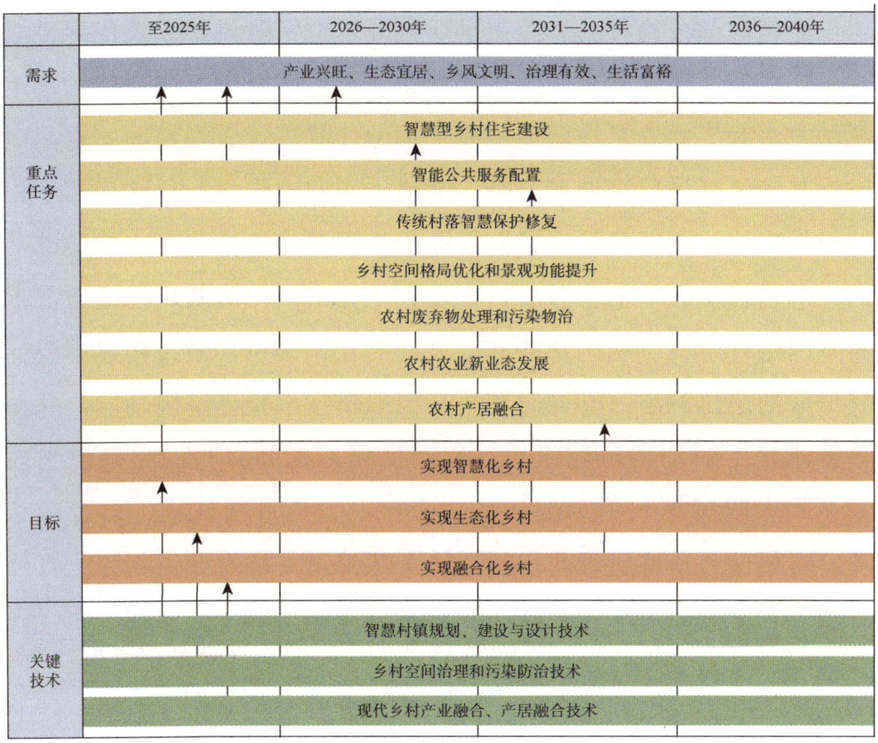

图7-12　面向2040年的数字乡村与农村现代化发展路线图

第八章　农业领域工程科技需求牵引的基础研究方向建议

第一节　重要农业生物性状形成机理与优异种质资源挖掘

针对目前我国生物种业总体自主创新能力不强，产业国际竞争力较低，尤其是生物育种基础性、前沿性研究与国际先进水平还有明显差距，部分物种的基因组学研究处于空白阶段，以及优异种质资源形成的遗传基础尚未阐明等问题，重点研究以下问题：①利用各种方法对主要农艺性状或重要生物学性状进行表型精准鉴定，同时对其基因型进行高通量分析；②通过正向遗传学和反向遗传学相结合的方法，高通量挖掘控制农业生物重要经济性状形成的关键基因；③进行优异单倍型分析，开发分子标记；④对其调控通路上下游基因进行研究，明确这些基因之间的互作关系，最终构建重要性状形成的遗传网络；⑤同时利用基因编辑技术验证基因功能，并在分子水平上对动物基因组进行靶向操作，提高育种的精确性和效率，最大限度地利用和创造遗传变异，改良目标性状，培育新品种。重要性状形成机理与优异种质资源挖掘支撑农业生物分子育种见图 8-1。

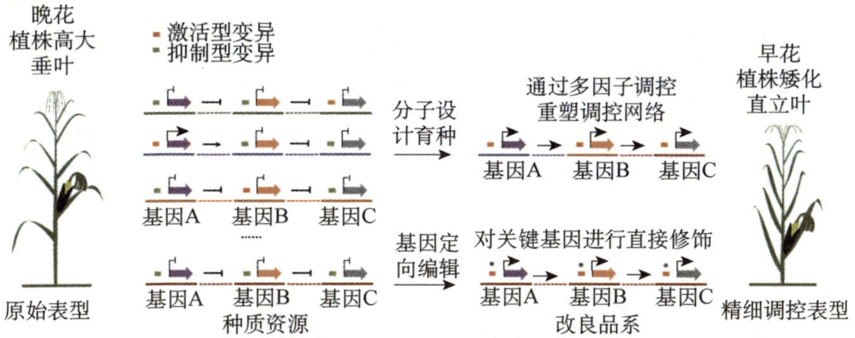

图 8-1　重要性状形成机理与优异种质资源挖掘支撑农业生物分子育种

资料来源：改自 Xiao 等（2022）

第二节　农业重大生物灾害致病机理

针对我国生物灾害多发常发，导致农作物减产、品质严重下降，严重威胁我国农作物高产、稳产和绿色生产，以及化学和农药的不合理使用导致的农产品安全隐患等问题，重点研究以下方面：①综合利用组学技术及新兴的人工智能和结构生物学等交叉前沿技术，系统揭示主要农作物重大病原物群体致病型变异规律及其分子演化机制；②解析有害生物-寄主-环境之间的相互作用及其精细互作机制，以及农林作物微生物组和有害生物互作关系，并挖掘关键控害土壤微生物；③揭示有害生物群体的时空动态特征，解析种群暴发与崩溃的关键因素；④揭示天敌复合体的控制理论，定量揭示作物多样性格局对有害生物种群变化的影响以及生物群内共存机制；⑤阐明植物疫病防控和免疫保护机制，研究植物天然免疫系统各个组成部分及其免疫应答的启动和调控机制，以及病原体入侵机体后与天然免疫系统之间的相互作用关系，并依此筛选获得和鉴定出具有高活性植物免疫调控能力的小分子化合物、蛋白质或多肽激发子，设计提升植物对重大疫病的免疫力的防控策略（图 8-2），为研发与现代农业相匹配的简便易行、低成本、高效的作物病虫草害绿色防控技术，以及制定控制病虫草害的整体解决方案奠定基础并提供科技支撑。

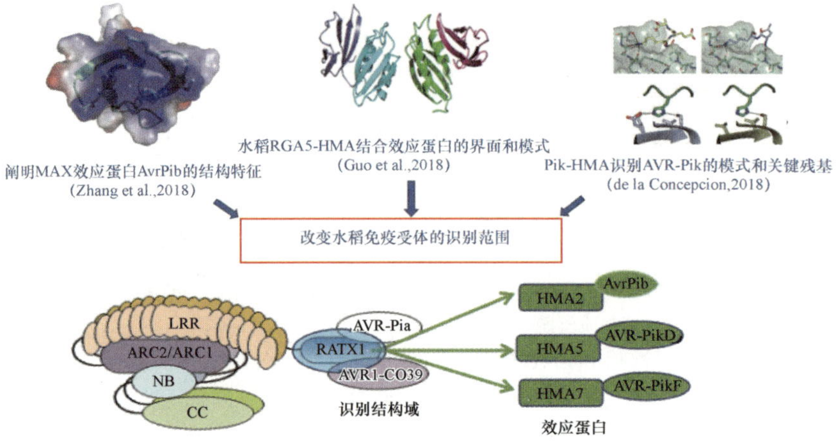

图 8-2　植物抗病基因的人工进化与设计

第三节　农林产品品质形成机理与定向调控

针对主粮作物、蔬菜作物和畜禽初级产品中主要营养元素调控手段不完善、育种进展缓慢，导致食物对人类面临的营养失衡和营养不良的改善支撑度不够，以及林产品材用、果实与油脂性状选择难度较大，缺乏高效选种手段，导致林产品品质无法满足产业化加工需求，林木抗病品种缺乏等问题，重点研究以下方面：①解析食用作物微量营养素和健康功能因子的特异性积累和调控规律；建立人体-动植物产品代谢物互作的营养模型；②明确肉蛋、淀粉、林木油性等性状形成的代谢途径和节点基因，阐明环境生态因子与林木品质性状形成的互作机制，挖掘对品质性状遗传改良具有重要育种价值的关键基因和位点；③利用高产、优质、抗病虫、抗旱、耐盐碱、耐瘠薄和资源高效等具有重大育种价值的基因，定向创制富含多种功能因子的畜禽、作物、水产、林木等育种新材料、新种质。通过农林产品品质形成机制解析，为定向设计优质的农林新品种、生物合成，以及定向调控水果、蔬菜与肉蛋奶的品质奠定基础，并为保障人民饮食健康、促进饮食文化发展以及满足人民多样化需求做好源头保障。小麦加工品质形成的调控网络如图 8-3 所示。

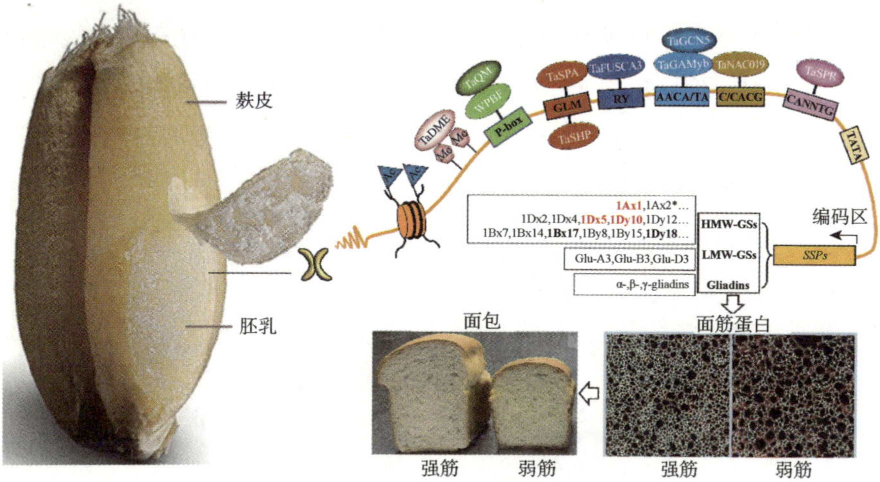

图 8-3　小麦加工品质形成的调控网络

资料来源：Xiao 等（2022）

第四节　新型高效绿色低碳投入品创制机理

针对动物抗炎抗病能力和生产效率显著下降、生产成本显著上升等现状，解决新型高效绿色低碳投入品活性物质表达合成路径和调控网络不清、代谢物积累胁迫底盘菌生长及引发底盘菌程序性死亡等关键科技难题（Ambati et al.，2019），重点研究以下方面：①基于全基因组规模代谢网络模型，分析关键基因和蛋白表达量及代谢物浓度变化，建立细胞生长的生化反应数学模型，系统改造代谢物反馈抑制底盘菌生长的关键靶点；②利用代谢网络模型分析生物合成途径，调节通路中关键基因的表达水平，偶联阻断相关竞争途径，解除代谢物反馈抑制，进一步重构或优化合成路径代谢流，精准调控合成目标代谢物功能元件、路径与底盘菌之间的系统适配性；③系统分析底物吸收、细胞区室间信号传递和亚细胞结构间转化渗透，设计并表达靶向细胞器的功能性和无害性定位标签，系统优化改造细胞器，突破前体物积累、竞争途径消耗的代谢流重构瓶颈，实现目标产物的高效表达（李春，2020）。通过研究突破合成生物的技术瓶颈，为改造底盘菌创制新型高效绿色低碳投入品奠定理论和技术基础，对我国畜禽水产养殖业的高质量发展具有重大战略意义（杨立荣，2022）。生物合成改造技术手段和路线如图 8-4 所示。

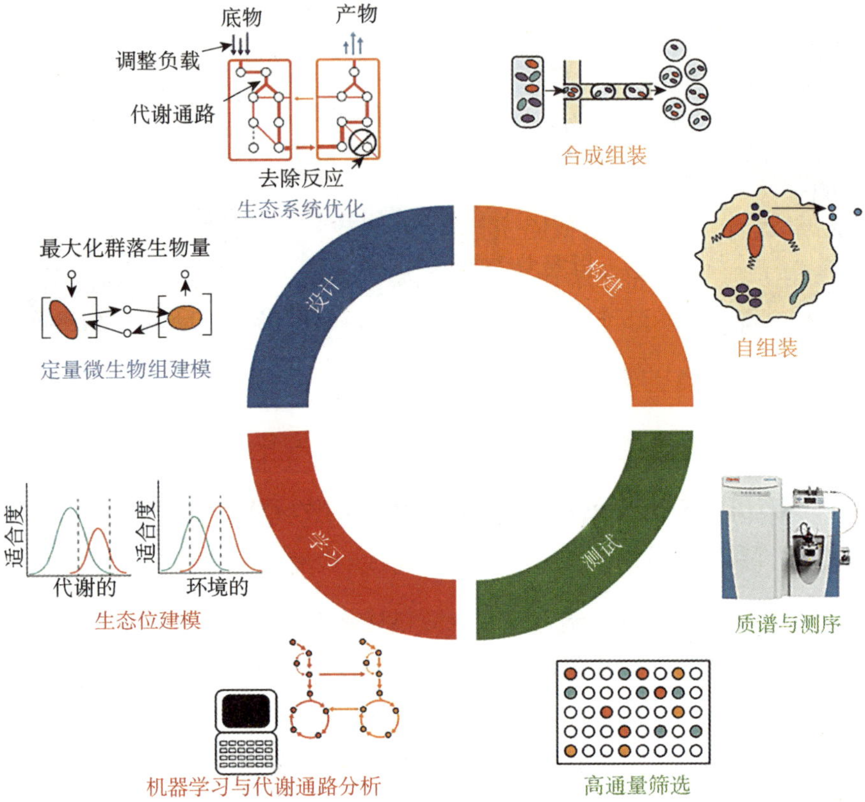

图 8-4　生物合成改造技术手段和路线

资料来源：Lawson 等（2019）

第五节　多尺度农业水循环响应机制

针对国家食物安全保障和农业高质量发展中水资源短缺，农业用水调配中水信息感知滞后、水转化过程认识不够清晰，以及农业农村污水处理与农业利用过程中元素回收效率低、灌溉堵塞严重等问题，重点研究以下方面：①多尺度农业水循环过程及其物理学、化学、生物学机制和时空分异规律；②气候变化下流域河道来水量的动态响应，灌区地表水、地下水循环过程对人类活动的响应；③土地利用对干旱区水循环及水盐平衡的影响，浅层地下水变化和地表生态的联动效应；④作物生产-水资源-生态环境的互作关系，规模化灌溉智能控制理论与方法；⑤区域水土资源的科学配置理论与方法途径等。形成作物生命健康需水计算及缺水智能诊断理论体系；研发出旱涝减损保产、节水提质增效适应性技术清单，以及农业绿色高效节水装备与制剂；获得作物精量控制智慧化灌溉决策新方法和新途径；实现不同尺度下农业高效用水精准预报，旱区农业节水抑盐与灌排系统协同调控，以及生态环境健康发展下多尺度农业水生产力的协同提升。以多尺度农业水循环的科学调控支撑我国水安全、食物安全和生态安全条件下的绿色农业高效用水研究高速发展。

第六节　耕地退化成因与土壤健康调控

针对我国耕地连续多年高强度利用、土壤污染问题突出、耕地退化形势严峻的现状，快速工业化、城镇化背景下土地开发需求与生态保护等多重制约的态势，以及耕地退化现状监测、土壤健康调控相关理论基础不完善等问题，重点研究以下方面：①调查典型气候生态区的耕地退化现状，建立基于气候-社会-经济的耕地退化驱动分析框架，为实施耕地土壤健康调控提供基础理论；②通过野外试验站建立长期的耕地及土壤健康调查实验，厘清气候变化与人类活动对耕地退化的影响并量化二者间的耦合关系；③寻找影响土壤健康的关键因子，建立多尺度的土壤健康等级评价体系；④结合高分辨率的遥感数据获取地块信息，支撑精细化的耕地土壤健康资源管理和监测，结合地面采样设计和土壤坡面采样，实现土壤剖面—地表基质—地表覆盖及作物的“立体式”耕地健康监测体系；⑤开展多尺度的耕地资源及土壤健康监测，摸清耕地资源及土壤健康基础并建立数据库，支撑调控工程的开展；⑥发展土壤健康调控的关键技术，在全国多个地区建立试验田，开展保护性的耕作模式，提高耕地质量和土壤肥力，建立政府-农户-保险金融等深度耦合的多智能体交互模型，通过调研和数据分析来挖掘三者之间的交互关系，为制定科学精准的耕地管理和土壤健康调控制度提供科学决策（图 8-5）。

图 8-5 耕地退化和土壤健康监测及调控体系

第七节 农业信息精准感知与智能决策

针对目前我国农业生产精准感知技术和产品较为缺乏，特别是高端传感器和设备严重依赖进口，现代信息技术应用于农业生产主体、要素和环节等系统性升级基础仍然薄弱，关键技术自主创新能力不强，以及国际竞争力有待提升等问题，重点研究以下方面：①研发种植环境与生物信息感知、种植信息移动互联、云计算与云服务、智慧与智能相关技术、大数据分析与决策等技术；②探索新一代信息技术与农业农村现代化深度融合发展的模式，紧密围绕“感”（感知）、“移”（移动互联网或物联网）、“云”（云计算或云服务）、“大”（大数据）、“智”（智慧及智能）等关键点创制专用信息感知传感器、智能装备和农业机器人、生产智慧管理与服务云平台等；③研发动物养殖智能关键技术与装备，包括动物目标检测识别、动物表型检测、动物行为识别、动物疾病筛查诊断相关快速检测传感器等；④强化建立农业生产信息精准感知与智能决策理论与技术体系（图 8-6），系统构建以“感、移、云、大、智”为核心的农业现代化标志性成果，提高农业生产和管理的智慧化、智能化水平，进一步解决好农机、农艺、农技和农智相结合的问题，为智慧农业发展奠定坚实基础。

图 8-6　农业生产信息精准感知与智能决策理论与技术体系

第八节　农林生态系统固碳增汇机制

在我国实现“双碳”目标的紧迫形势下，针对天然林中有较大比例处于退化状态，以及人工林普遍存在质量差、长期生产力及固碳增汇潜力下降，抵抗气候变化的韧性和抗性较差等严峻现状（刘世荣等，2018；孙长忠和沈国舫，2000；王云霖，2019；张守攻和张建国，2000），重点研究以下方面：①研究不同时空尺度下的农林生态系统碳汇计量监测技术，以满足我国生态系统碳汇精准计量的需要；②构建不同气候变化背景和不同经营措施情境下的生态系统固碳增汇潜力预估模型，进而准确预估我国生态系统的碳储量与碳汇潜力；

③揭示生态系统固碳增汇对经营措施的响应及多功能协同与权衡机理，实现农林等主要陆地生态系统的碳汇能力可持续提升，为制定我国陆地生态系统碳汇能力提升策略提供重要的科学依据，也为我国应对气候变化提供强有力的科技支撑。农林生态系统固碳增汇机制见图 8-7。

图 8-7　农林生态系统固碳增汇机制

第九节　山水林田湖草沙系统耦合与稳定性机理

针对当前山水林田湖草沙生命共同体的内在机理和规律认识不足（彭建等，2019），山水林田湖草沙综合治理理论研究与实践需求还有较大差距，生态保护修复系统性与整体性不强，以及生态修复工程科学性不足等问题（徐兴良和于贵瑞，2022），重点研究以下方面：①研发生态系统弹性和稳定性评价技术，开展重点区域山水林田湖草沙生命共同体的承载能力、适应性、脆弱性评价，揭示现有或潜在的重大生态问题；②构建典型陆地生态系统生物多样性保育、涵水保土等生态系统服务评价方法与体系，明晰生态系统类型与格局变化和服务功能效应之间的级联关系，定量解析气候变化及人类活动对生态系统格局变化的驱动机制；③研究山水林田湖草沙要素的关联性，解构山水林田湖草沙生命共同体各要素的关系以及相互影响程度，揭示景观镶嵌体结构特征及其形成机理；通过分析林草植被恢复与重构对生态水文过程、土壤过程，以及水、土、沙等生态要素的影响，系统揭示复合生态系统内部的物质、能量、信息转化特征及输出通量，阐明山水林田湖草沙系统的耦合动力学机制及景观多功能性；④依托激光雷达、空间立体建模、人工智能等技术，研发人地关系耦合及景观镶嵌体模型，系统模拟分析山水林田湖草沙系统多过程耦合及协同演变规律，科学评估、模拟预测生态系统的恢复潜力（图 8-8）。

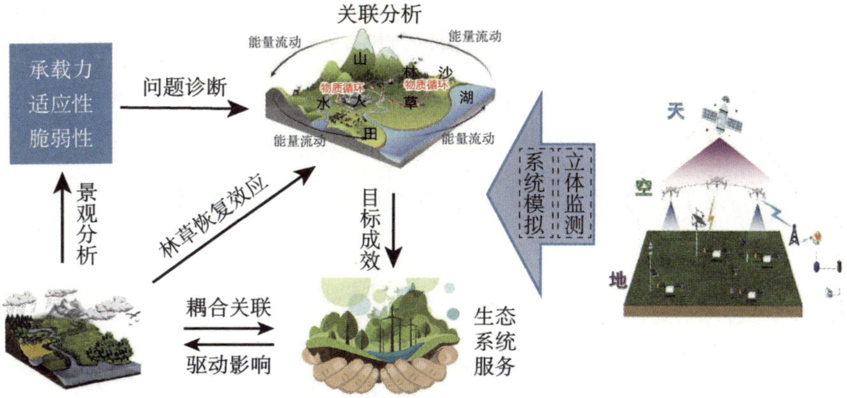

图 8-8　山水林田湖草沙系统耦合与稳定性机理

第十节　农业生物环境协同互作与智算基础

针对大田作物、设施园艺作物、设施畜禽水产等农业生物的系统生产效率提升困难，农业生物与环境系统协同互作机制不清晰，“土壤-环境-机器”或“设施-环境-装备”高度协同的生物环境系统复杂多变，“温-光-水-气-肥”或“温-湿-风-光-气”高效耦合调控机制仍不明晰，关键核心技术和高端产品制造受制于人，以及生产过程中的智能化决策能力普遍较低等问题，重点研究以下方面：①在大田作物与设施园艺作物方面，创新不同生产条件下作物生理生态生产参数、环境信息、设施装备作业关键参数等的智能化快速获取方法；挖掘数据本构模型，研究土壤/基质、环境、作物及装备之间的相互影响机理；研究现代农业装备关键零部件及整机田间作业载荷特性，揭示载荷分布与演化机理；建立设计知识服务系统，提出农业装备整机及关键零部件智能化设计理论和方法。②在设施畜禽与水产养殖方面，研究现代畜禽水产养殖全过程的生态环境参数、特征生理参数、个体与群体的典型行为，以及核心生产参数的“视听触嗅”智能感知方法，建立绿色健康的养殖信息数据库及其动态健康状态表征方法；研究畜禽水产养殖废弃物及其特征污染物质多过程无害化处理、定向转化机理，构建多元废弃物环境增值转化工艺；创新基于生理与行为定量表征的健康与福利化养殖模式，以及其关键技术和设施装备的创新理论与标准体系。通过研究显著提升农业生物与智能装备领域科技的原始创新能力，为精准环境调控、智能设施设计、智能作业装备创制、绿色低碳生产、智慧管控等核心技术与装备的创新奠定坚实基础（图 8-9）。

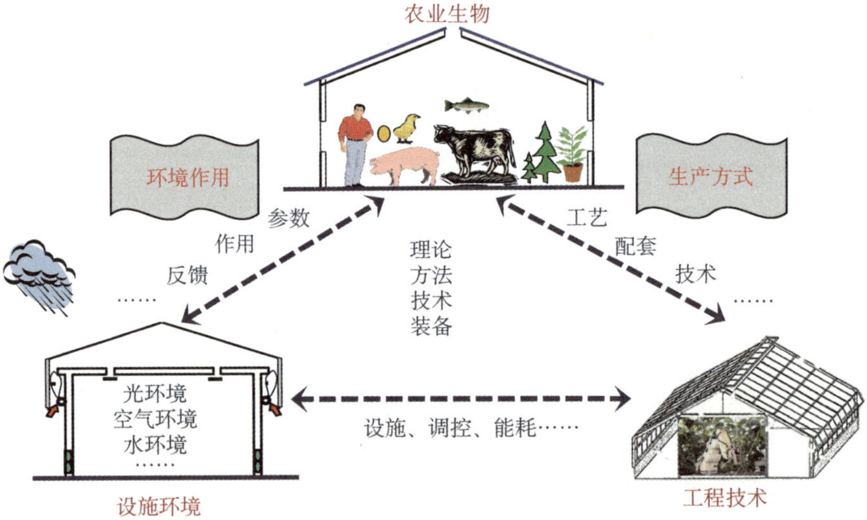

图 8-9　农业生物环境互作与高效协同机制研究示意简图

第十一节　农林天然产物代谢调控与高效转化机制

针对农林生物质资源宝库挖掘中存在的植物天然活性物含量低、提取困难、生产周期长，难以满足市场需求，以及农林天然产物活性成分生物学合成途径不清晰、体内富集机制不明、生物活性和药理协同作用基础研究薄弱等制约农林天然产物高效应用的问题（Shogren et al.，2019；dos Santos et al.，2022），重点研究以下方面：①研究环境因子调控农林天然产物代谢合成积累的机制及其代谢调控规律；基于基因组学、转录组学、代谢组学等手段，发掘活性次生代谢物的抗肿瘤、抗病毒、调节代谢等功效；阐明生物碱、萜类等次生代谢物分子结构与生物活性的构效关系，揭示活性次生代谢物药化、药理学机理；②创新重要农林次生代谢产物的分子修饰及合成方法，研究糖基化、羟基化、环氧化等修饰方法对农林活性物质的活性和稳定性的调控，建立微生物细胞代谢模块组装和细胞工厂构建技术体系；③利用特异性高效生物酶定向转化，实现活性成分结构修饰，明确构效关系，采用绿色化学和合成生物学方法，突破复杂萜烯类、糖苷类等重要农林活性化合物医药中间体及药物的仿生合成与增效等前沿技术；④揭示典型农林天然产物在原料预处理和提取分离过程中的稳态化调控、物性变化规律、传质规律与分离动力学机制，创制萜烯类、生物碱、糖苷类等林源医药中间体、药物、新资源食品及饲料添加剂新产品，大幅提升我国农林天然产物利用的原始创新能力，为大健康产业奠定物质基础（图 8-10）。

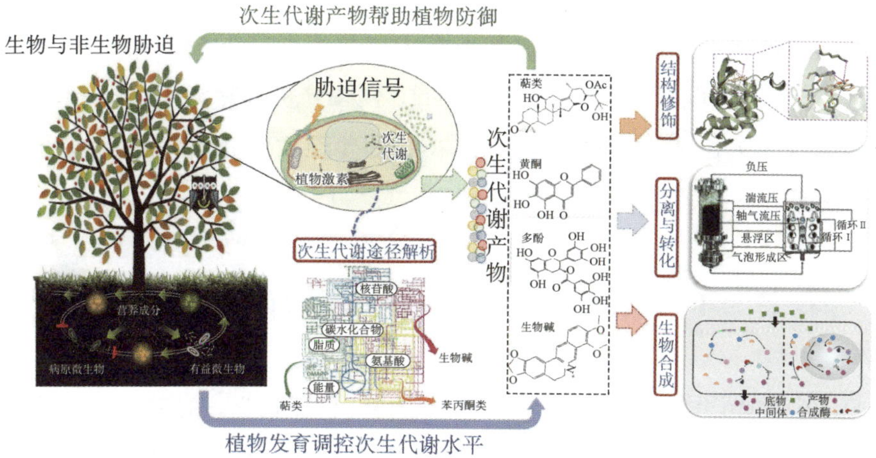

图 8-10　农林天然产物代谢调控与高效转化机制

第十二节　农业重要微生物定向改造与发酵机制

针对我国发酵食品微生物研究与应用、传统生产工艺改进起步较晚，尤其是利用现代生物技术如基因编辑等对发酵食品微生物进行优良菌种选育的工作较为滞后，智能化和自动化程度不高，发酵过程无法实现精准控制，以及生产效率低下、产品品质不佳、稳定性不足和“三废”（废气、废水、废渣）多等问题，重点研究以下方面：①选育优良食品发酵剂微生物，进一步在合成生物学和系统生物学的基础上，结合工程学理念改造目标微生物，提高微生物生产性能；②研究食品微生物高效基因编辑及特定功能成分靶向生物合成，对具有功能性代谢产物的食品微生物进行高通量筛选，并对其功能产物进行评价，利用高效基因编辑工具，解析食品微生物中重要代谢产物的合成代谢途径，并对其进行人工干预，实现代谢产物的高产；③研究基于组学理解的发酵目标产物调控技术，建立发酵过程建模平台，实现发酵过程状态参量的预估和在线测量，提高相应产品的得率。通过微生物改造及发酵机制解析，突破食品微生物发酵的关键技术瓶颈，建立过程精准预测与调控技术，构建智能的食品微生物制造技术，提升食品微生物制造智能发酵的自主创新能力，全面提升我国发酵食品行业的技术水平和国际竞争力，推动我国由发酵大国向发酵强国转变。农业重要微生物定向改造与发酵示意图见图 8-11。

第十三节　农业领域工程科技前沿交叉自由探索

到 2040 年，农业科学将从单一学科向自然科学、经济科学、社会科学、信息科学、能源科学、医学等多学科方向拓展，形成多领域融

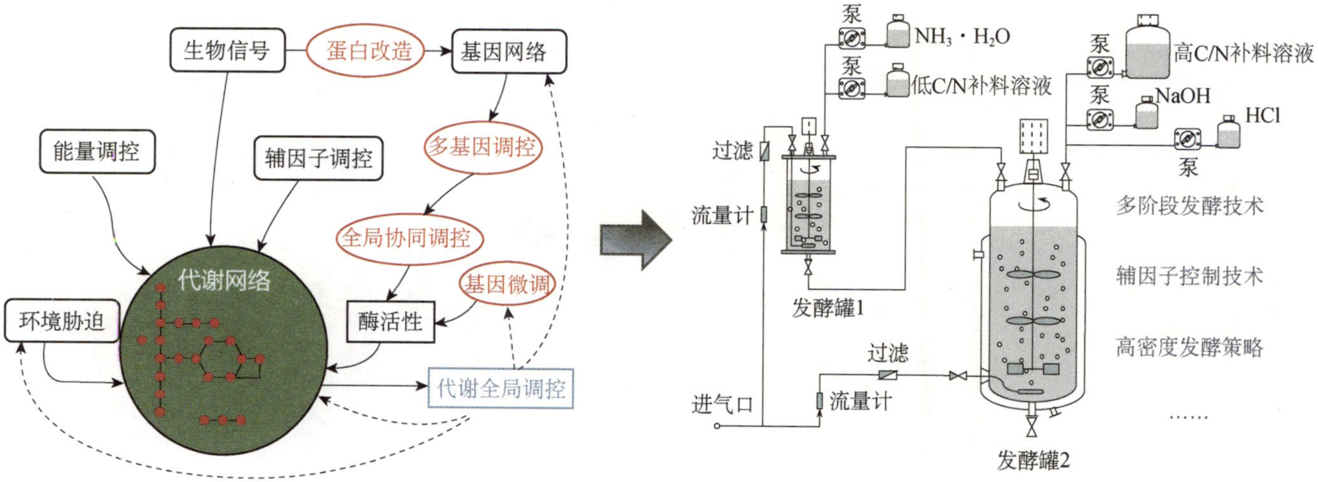

图 8-11　农业重要微生物定向改造与发酵示意图

合的复合型学科体系（图 8-12）。我国要全面推动农业科学与工、理、医、管、文等多学科的交叉，培育新兴前沿交叉土壤，诞生更多从 0 到 1 的原创性成果，为农业科技高水平自立自强提供原动力（新时代农科高等教育战略研究项目组，2021）。根据目前及未来国际农业工程科技新兴前沿领域的交叉发展趋势，重点需要强化支持两大领域：一是通过农业领域不同学科的交叉促进农业基本功能的升级，包括作物学与生物学、信息学、计算机科学的交叉及与基因编辑、合成生物等新兴技术的融合，食物工厂与太空农业的交叉融合，农学与教育学、经济学、管理学的交叉融合，以及农学与生态学、环境科学、系统科学的深入融合等；二是通过农业领域与非农学科的交叉拓展农业多功能发展空间，包括食品科学与工程、生物学与医学工程、作物学与石油化工和材料科学的融合，农业生物学、昆虫仿生学、特殊环境食品学等与军事需求的融合，以及国土敏感地带的农业利用等。

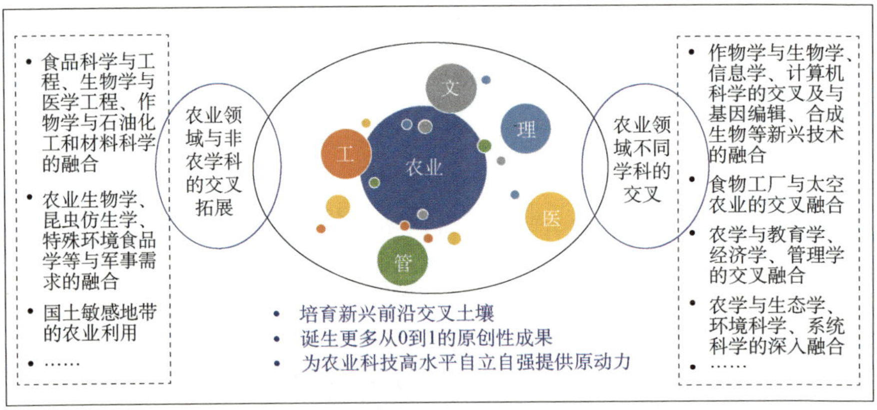

图 8-12　农业领域工程科技前沿交叉示意图

第九章　农业领域发展推进措施与政策建议

从现在到 2040 年，是我国推进高水平农业科技自立自强、实现农业科技现代化的关键阶段，必须依靠深化改革和制度创新，以及高效、开放、畅通的创新制度和创新生态，实现技术创新的自立自强。为实现我国农业科技高水平自立自强的目标，以及为加快建设农业强国提供强有力的科技动能，本书提出建议如下。

1. 加大农业科技投入强度

遵循农业科技创新规律，在项目安排、经费投入、立项机制等方面给予农业科技差异化的强有力支持，为农业科技自立自强创造更加强有力的政策支持，切实把农业科技工作摆在更加突出的地位，发挥政府公共财政在农业科技投入中的主导作用，力争全国农业领域科技投入强度由目前占农业 GDP 的 0.7%提升到 1.5%以上。优化农业补贴政策，研究制定农业科技创新补贴政策，提高“绿箱”政策的总体支出比例和创新补贴的支出比例，稳步提高国家财政农业科技创新投入增量；拓展农业科技金融改革力度，逐步提高政策性银行农业科技贷款总体规模及其占比；鼓励商业银行加大对农业科技成果转化的支持，开展绿色信贷专营机构试点，助力绿色农业发展。

2. 加大农业基础研究支持力度

建议国家自然科学基金委员会研究设立农业学部或加大农业基础研究项目和农业基础研究人才项目的支持比重；实施农业重大基础研究专项行动；加强农业基础研究项目部署，实现从 0 到 1 的突破，提高农业科技原始创新水平；加快培养一支具有国际影响力的农业基础研究创新团队；着力构建与科技强国建设相适应的国家农业重大基础研究设施平台体系；大力强化农业科研机构的原始创新策源地建设，增强农业科研机构面向农业重大战略需求的科技自主创新能力；大力加强建设研究型涉农大学，打造一支高水平、高战斗力的国家农业基础研究主力军。

3. 大力提升农业企业创新能力

创新型农业企业是我国与世界农业科技强国相比最大的短板之一，建议政府制定更有利于科技创新型企业发展的支撑政策，营造更加良好的政策环境，主要包括以下方面：一是建立农业创新型企业培育制度和认证制度，不断培育和壮大农业创新型企业，形成不同区域、不同产业的现代化科技创新型企业集群；二是设立国家级农业创新型企业孵化基金，加快培育一批具有核心竞争力的农业创新型企业，尤其是要大力倾斜支持发展农业科技型企业和农业高新技术企业，培育世界领军型企业；三是实行涉农企业自主创新的差别化优惠支持政策，在涉农企业研发费用加计扣除、科技平台建设、企业人才引进等方面实行更加灵活、更加优惠的支持政策，推进科企深度融合、社会资本深度参与，推动科技人才向企业流动、创新要素向企业集聚，激发企业的自主研发活力。

4. 强化农业科技人才队伍建设

加大各类人才支持计划对农业高层次人才的差别化倾斜支持力度，扩大农业领域高层次人才规模，着力培养一批战略科技人才和青年创新人才；加大部署农业领域国家重点引智平台基地，引进和培养农业领域高端人才和紧缺人才；深化涉农高等院校的乡村振兴人才教育培养制度改革，加快发展农业职业技术教育，培养高素质农业农村专业人才；深化改革农业高校科研院所的人才绩效分类考核机制，强化贡献导向、基层导向的人才评价体系改革，推动农业高层次人才主动走向基层、走向农业、走向农村。

5. 加快农业科技成果转化应用

推行“定向研发、定向转化、定向服务”的一体化科企融合组织模式，培育一批高质量科技成果；完善农业科技成果市场化评价体系，构建全国农业科技成果交易转化网络平台，建立一批市场化的农业科技成果转移转化中心，培养一支职业化农业科技成果转化团队；提高农业知识产权质量，完善监管保护体系；设立国家农业科技成果转化子基金，推进农业技术成果市场化转化机制改革。

6. 加强部署建设国家农业战略科技力量

加快建设“生物种业国家实验室”，发挥新型举国体制优势，整合全国优势单位，集中最精干的创新力量，集聚最优质的科技资源，打好种业翻身仗；统筹部署，在新一代农业生物技术与合成生物学、农业资源高效利用与绿色发展、数字农业与智能装备、营养与健康、农业生物安全与公共卫生等领域部署一批全国重点实验室和国家技术创新中心；加强国家农业种质资源库、农业大数据平台、农业野外科学观测站网络体系等科技基础设施建设，形成一批有影响力的农业科研“百年老店”；加快部署一批国家农业高新技术产业示范区和国家农业科技园区，辐射带动区域农业农村现代化。

7. 重构国家现代农业科技创新体系

建议由国家有关部门牵头组织制定规划，重组构建与农业科技创新特色相适应、科技与经济紧密结合的产学研用一体化、产业链与创新链融合的国家农业技术创新布局体系，显著提升农业科技创新效能；加快农业领域国家实验室建设，建构具有中国特色的、符合农业农村永续发展需要的全国重点实验室、国家野外台站、国家农业产业技术创新战略联盟、国家技术创新中心等平台基地网络体系；加大国家重大人才工程对农业领域的倾斜支持力度，在农业农村优势领域突出培养一批战略科学家、世界一流科学家、科技领军人物、优秀中青年科学家和科技企业创新领军人才；深化涉农高等教育改革，构建专业硕士学位培养体系，以及增设农业专业博士学位等，夯实高水平自立自强的人才培养储备体系；改革农业科技创新项目组织方式和研发投入机制，完善农业科技人才评价、农业科研机构评估、农业科研项目评审制度等新时期农业科技创新治理体系。

8. 深化国际农业科技合作

优化农业领域的国际合作环境，完善促进农业科技“走出去”的相关管理办法，促进人才、资金、平台、资源等农业科技创新要素的全球流动；积极参与全球农业科技治理，支持建立全球性、“一带一路”农业农村科学创新国际组织，联合研发平台建设及人才培养机制等；积极参与现有国际组织，成为国际重大农业科技议题和规则的倡导者、推动者和制定者；发起农业领域“国际大科学计划”，提升我国在全球农业科技创新领域的核心竞争力和话语权；加强与国际农业科技组织的合作，以多边促双边，支持国际组织或发达国家在我国共同建设国际一流水平的研发机构，共同打造世界农业科学中心；鼓励科研单位与企业组团“走出去”，强化知识产权保护和利用国际化。

参 考 文 献

白婷. 2023. 森林经营中的智慧林草系统建设思考[J]. 中国林业产业，（9）：109-110.

白中科，师学义，周伟，等. 2020. 人工如何支持引导生态系统自然修复[J]. 中国土地科学，34（9）：1-9.

操建华. 2019. 乡村振兴视角下农村生活垃圾处理[J]. 重庆社会科学，（6）：44-54.

陈方，丁陈君，陈云伟，等. 2018. 工业生物技术领域国际发展态势及我国发展前景展望[J]. 世界科技研究与发展，40（2）：133-148.

陈阜，吴晓春，王全辉，等. 2020. 气候智慧型农业的理论与模式[M]. 北京：中国农业出版社.

陈瑞爱. 2023. 首届中兽医药传承创新发展论坛：中兽药推动健康养殖与应用[EB/OL]. https://www.cvma.org.cn/6847/202311/62206.html[2023-11-03].

陈锡文，2018. 实施乡村振兴战略，推进农业农村现代化[J]. 中国农业大学学报（社会科学版），35（1）：5-12.

陈雄，李宁，贾剑波，等. 2020. 适应领域应对气候变化的重点领域与技术需求研究[J]. 中国人口·资源与环境，30（8）：13-20.

陈学云，程长明. 2018. 乡村振兴战略的三产融合路径：逻辑必然与实证判定[J]. 农业经济问题，（11）：91-100.

陈一明. 2021. 数字经济与乡村产业融合发展的机制创新[J]. 农业经济问题，（12）：81-91.

程超华，唐蜻，邓灿辉，等. 2020. 表型组学及多组学联合分析在植物种质资源精准鉴定中的应用[J]. 分子植物育种，18（8）：2747-2753.

邓秀新. 2017. 园艺作物产业可持续发展战略研究（第二卷）[M]. 北京：科学出版社.

杜焱强. 2019. 农村环境治理 70 年：历史演变、转换逻辑与未来走向[J]. 中国农业大学学报（社会科学版），36（5）：82-89.

冯旭，王凯，毛其智. 2023. 我国乡村规划的技术演进与理论思潮：基于“三农”政策及城乡关系视角[J]. 城市规划，47（9）：84-95.

傅伯杰，王帅，沈彦俊，等. 2021. 黄河流域人地系统耦合机理与优化调控[J]. 中国科学基金，35（4）：504-509.

高旺盛. 2021. 我国农业科技自立自强战略路径与政策取向研究[J]. 农业现代化研究，42（6）：975-981.

高旺盛，梅旭荣，毛世平，等. 2021a. 农业科技自立自强若干政策问题研究[M]. 北京：中国农业科学技术出版社.

高旺盛，王小龙，杨富裕，等. 2021b. 农业科技强国评价指标体系与中国实现度分析[J]. 中国农业大学学报，26（12）：1-10.

龚波，尹风雨. 2018. 人口城镇化对中国粮食消费的影响测度[J]. 财经理论与实践，39（5）：134-140.

国家发展和改革委员会，自然资源部. 2020. 全国重要生态系统保护和修复重大工程总体规划（2021—2035 年）[EB/OL]. https://www.gov.cn/zhengce/zhengceku/2020-06/12/content_5518982.htm[2024-12-20].

国家林业和草原局. 2019. 中国森林资源报告（2014—2018）. 北京：中国林业出版社.

国家林业局. 2009. 中国森林资源报告——第七次全国森林资源清查[M]. 北京：中国林业出版社.

国家林业局. 2014. 中国森林资源报告（2009—2013）[M]. 北京：中国林业出版社.

国务院办公厅. 2020. 国务院办公厅关于促进畜牧业高质量发展的意见[EB/OL]. https://www.gov.cn/zhengce/content/2020-09/27/content_5547612.htm[2020-09-27].

韩佳伟，朱文颖，张博，等. 2022. 装备与信息协同促进现代智慧农业发展研究[J]. 中国工程科学，24（1）：55-63.

胡伟娟，傅向东，陈凡，等. 2019. 新一代植物表型组学的发展之路[J]. 植物学报，54（5）：558-568.

黄季焜，胡瑞法，易红梅，等. 2022. 面向 2050 年我国农业发展愿景与对策研究

[J]. 中国工程科学，24（1）：11-19.

黄庆生. 2023. 我国粮食安全战略下饲料粮保供策略思考[J]. 中国饲料，（22）：15-25.

康绍忠，2022. 藏粮于水 藏水于技——发展高水效农业 保障国家食物安全[J]. 中国水利，（13）：1-5.

李春. 2020. 合成生物学[M]. 北京：化学工业出版社.

李世东，孙尚伟，杨振寅，等. 2023. 国家陆地生态系统定位观测研究站建设进展与发展策略[J]. 陆地生态系统与保护学报，3（6）：68-77.

李劼，徐晋涛. 2022. 我国农业低碳技术的减排潜力分析[J]. 农业经济问题，（3）：117-135.

李寅. 2022. 合成生物制造[J]. 生物工程学报，38（4）：1267-1294.

李月辉，胡远满，王正文. 2023. 山水林田湖草沙一体化保护和修复工程与景观生态学[J]. 应用生态学报，34（1）：249-256.

廖军华. 2018. 乡村振兴视域的传统村落保护与开发[J]. 改革，（4）：130-139.

林敏. 2021. 农业生物育种技术的发展历程及产业化对策[J]. 生物技术进展，11（4）：405-417.

刘世荣，代力民，温远光，等. 2015. 面向生态系统服务的森林生态系统经营：现状、挑战与展望[J]. 生态学报，35（1）：1-9.

刘世荣，杨予静，王晖. 2018. 中国人工林经营发展战略与对策：从追求木材产量的单一目标经营转向提升生态系统服务质量和效益的多目标经营[J]. 生态学报，38（1）：1-10.

刘宇飞，周源，褚恒，等. 2021. 工程科技知识图谱驱动的专家交互技术路线图方法[J]. 科学学与科学技术管理，42（3）：29-47.

闵志强. 2021. 新时期林草资源监测智慧化发展的思考[J]. 国家林业和草原局管理干部学院学报，20（4）：18-22.

彭建，吕丹娜，张甜，等. 2019. 山水林田湖草生态保护修复的系统性认知[J]. 生态学报，39（23）：8755-8762.

朴世龙，何悦，王旭辉，等. 2022. 中国陆地生态系统碳汇估算：方法、进展、展望[J]. 中国科学（地球科学），52（6）：1010-1020.

齐中熙，高敬，胡璐，等. 2021-06-05. 建设人与自然和谐共生的美丽中国：以习近平同志为核心的党中央推进生态文明建设纪实[N]. 人民日报，第8版.

沈费伟. 2021. 数字乡村的内生发展模式：实践逻辑、运作机理与优化策略[J]. 电子政务，(10)：57-67.

史梦琳，周琳，王庆，等. 2022. 植物二氧化碳代谢途径改造研究进展[J]. 合成生物学，3（5）：985-1005.

孙长忠，沈国舫. 2000. 我国主要树种人工林生产力现状及潜力的调查研究：Ⅰ. 杉木、马尾松人工林生产力研究[J]. 林业科学研究，13（6）：613-621.

孙康泰，张建民，蒋达伟，等. 2020. 我国动物源细菌耐药性的研究进展及防控策略[J]. 中国农业科技导报，22（5）：1-5.

王斌，李玉娥，蔡岸冬，等. 2022. 碳中和视角下全球农业减排固碳政策措施及对中国的启示[J]. 气候变化研究进展，18（1）：110-118.

王茂福，严雪雁. 2023. 生成式人工智能赋能数字乡村建设：应用价值、现实梗阻与路径支持[J]. 深圳大学学报（人文社会科学版），40（4）：87-96.

王云霖. 2019. 我国人工林发展研究[J]. 林业资源管理，(1)：6-11.

吴钢，赵萌，王辰星. 2019. 山水林田湖草生态保护修复的理论支撑体系研究[J]. 生态学报，39（23）：8685-8691.

夏青. 2021. 加快实现农业科技自立自强[J]. 农经，(6)：16-23.

向廷贵，郭晓伟. 2023. "智慧林草"技术：数字化赋能生态保护[J]. 中国林业产业，(8)：62-63.

谢立勇，杨育蓉，赵洪亮，等. 2022. "双碳"战略背景下农业与农村减排技术路径分析[J]. 中国生态农业学报（中英文），30（4）：527-534.

新时代农科高等教育战略研究项目组. 2021. 新时代农科高等教育战略研究[M]. 北京：高等教育出版社.

熊小青. 2020. 乡土建筑技术化转向、影响及现实化实践：基于"传统-现代"关系认知中的乡村建筑技术及传承刍议[J]. 自然辩证法研究，36（3）：51-58.

徐兴良，于贵瑞. 2022. 基于生态系统演变机理的生态系统脆弱性、适应性与突变理论[J]. 应用生态学报，33（3）：623-628.

闫瑞华. 2023. 创新生态系统视角下重大政务信息化工程多元主体及复杂性研究：数字林草治理实践[J]. 中南林业科技大学学报（社会科学版），17（1）：19-27.

燕永亮，田长富，杨建国，等. 2021. 人工高效生物固氮体系创建及其农业应用[J]. 生命科学，33（12）：1532-1543.

杨立荣. 2022. 浙大杨立荣教授：合成生物技术与生物制造[EB/OL]. http://www.360doc.com/content/22/0813/02/80077771_1043580988.shtml[2022-08-13].

杨世伟. 2020. 绿色发展引领乡村振兴：内在意蕴、逻辑机理与实现路径[J]. 华东理工大学学报（社会科学版），35（4）：125-135.

杨元合，石岳，孙文娟，等. 2022. 中国及全球陆地生态系统碳源汇特征及其对碳中和的贡献[J]. 中国科学（生命科学），52（4）：534-574.

于恩逸，齐麟，代力民，等. 2019. “山水林田湖草生命共同体”要素关联性分析——以长白山地区为例[J]. 生态学报，39（23）：8837-8845.

于贵瑞，牛书丽，李发东，等. 2021. 陆地生态系统环境控制实验的研究方法及技术体系[J]. 应用生态学报，32（7）：2275-2289.

余养伦，于文吉. 木竹高效重组绿色材料发展现状与展望[C]//2013 中国木结构绿色产业大会及中国建筑学会建筑结构分会木结构专业委员会第七届工作会议暨第七届木结构学术交流会论文集. 2013：96-99.

喻其林，赵梓润，刘琳，等. 2023. 根际微生物群落功能与调控的研究进展[J]. 微生物学杂志，43（5）：1-8.

袁小慧，范金，王凯，等. 2015. 中国居民农产品消费变化的因素分解：基于产出角度[J]. 中国农业大学学报（社会科学版），32（2）：73-82.

郧文聚，宇振荣. 2011. 中国农村土地整治生态景观建设策略[J]. 农业工程学报，27（4）：1-6.

臧冀原，刘宇飞，王柏村，等. 2022. 面向 2035 的智能制造技术预见和路线图研究[J]. 机械工程学报，58（4）：285-308.

曾建国. 2022. 饲用替抗产品应用与开发进展[J]. 饲料工业，43（9）：1-6.

曾亿武，宋逸香，林夏珍，等. 2021. 中国数字乡村建设若干问题刍议[J]. 中国农村经济，（4）：21-35.

张福锁，黄成东，申建波，等. 2023. 绿色智能肥料：矿产资源养分全量利用的创新思路与产业化途径[J]. 土壤学报，60（5）：1203-1212.

张福锁，申建波，危常州，等. 2022. 绿色智能肥料：从原理创新到产业化实现[J]. 土壤学报，59（4）：873-887.

张海鹏，郜亮亮，闫坤. 2018. 乡村振兴战略思想的理论渊源、主要创新和实现路径[J]. 中国农村经济，（11）：2-16.

张立新，卢从明，彭连伟，等. 2017. 利用合成生物学原理提高光合作用效率的研究进展[J]. 生物工程学报，33（3）：486-493.

张守攻，张建国. 2000. 我国工业人工林培育现状及其在林业建设中的战略意义[J]. 中国农业科技导报，2（1）：32-35.

张雯丽，沈贵银，曹慧，等. 2016. "十三五"时期我国重要农产品消费趋势、影响与对策[J]. 农业经济问题，37（3）：11-17，110.

张兆欣，颜航，李宏全，等. 2023. 新型药物递送系统在兽药制剂领域的研究进展[J]. 中国兽药杂志，57（3）：59-72.

张志新，王迪，唐海云. 2022. 中国粮食安全保障程度：基于粮食消费结构变化的分析[J]. 消费经济，38（5）：38-49.

赵春江. 2021. 智慧农业的发展现状与未来展望[J]. 华南农业大学学报，42（6）：1-7.

赵春江，李瑾，冯献. 2021. 面向 2035 年智慧农业发展战略研究[J]. 中国工程科学，23（4）：1-9.

郑真真. 2023. 从全球人口变化看中国人口负增长[J]. 人口研究，47（2）：3-10.

"中国工程科技 2035 发展战略研究"农业领域课题组. 2017. 中国工程科技农业领域 2035 技术预见研究[J]. 中国工程科学，19（1）：87-95.

"中国工程科技 2035 发展战略研究"项目组. 2019. 中国工程科技 2035 发展战略 · 农业领域报告[M]. 北京：科学出版社.

中国农业大学国家农业科技战略研究院. 2022. 新时代农业科技发展战略研究报告（2021 年）[M]. 北京：中国农业大学出版社.

中国农业信息网. 还天空以蓝色：农林剩余物替代化石燃料"照进现实"[J]. 新农

村（黑龙江），2014（10）：2.

中华人民共和国农业农村部. 2021a. 农业农村部关于推进动物疫病净化工作的意见[EB/OL]. http://www.moa.gov.cn/nybgb/2021/202111/202112/t20211221_6385232.htm[2021-12-21].

中华人民共和国农业农村部. 2021b. 农业农村部关于印发《"十四五"全国畜牧兽医行业发展规划》的通知[EB/OL]. http://www.moa.gov.cn/govpublic/xmsyj/202112/t20211220_6385081.htm[2021-12-14].

中华人民共和国农业农村部畜牧兽医局. 2022. 全面推进畜间人兽共患病防控 保障畜牧业生产安全、公共卫生安全和国家生物安全——农业农村部畜牧兽医局负责人就《全国畜间人兽共患病防治规划（2022—2030 年）》有关问题答记者问[EB/OL]. http://www.xmsyj.moa.gov.cn/gzdt/202209/t20220926_6411695.htm[2022-09-26].

种康，李家洋. 2021. 植物科学发展催生新一轮育种技术革命[J]. 中国科学（生命科学），51（10）：1353-1355.

周杰，夏晓剑，胡璋健，等. 2021. "十三五"我国设施蔬菜生产和科技进展及其展望[J]. 中国蔬菜，10：20-34.

周晓波. 2016. 中国经济增长趋势的人口学逻辑[J]. 人口与发展，22（4）：38-48，28.

朱永官，彭静静，韦中，等. 2021. 土壤微生物组与土壤健康[J]. 中国科学（生命科学），51（1）：1-11.

朱永官，沈仁芳，贺纪正，等. 2017. 中国土壤微生物组：进展与展望[J]. 中国科学院院刊，32（6）：554-565.

Acosta N，Sakarika M，Kerckhof F M，et al. 2020. Microbial protein production from methane via electrochemical biogas upgrading[J]. Chemical Engineering Journal，391：1-32.

Ambati R R，Gogisetty D，Aswathanarayana R G，et al. 2019. Industrial potential of carotenoid pigments from microalgae：Current trends and future prospects[J]. Critical Reviews in Food Science and Nutrition，59（12）：1880-1902.

Bailey-Serres J，Parker J E，Ainsworth E A，et al. 2019. Genetic strategies for improving crop yields[J]. Nature，575：109-118.

Chen S，Gong B. 2021. Response and adaptation of agriculture to climate change：Evidence from China[J]. Journal of Development Economics，148：102557.

da Fonseca-Pereira P，Siqueira J A，de Cássia Monteiro-Batista R，et al. 2022. Using synthetic biology to improve photosynthesis for sustainable food production[J]. Journal of Biotechnology，359：1-14.

de la Concepcion J C，Franceschetti M，Maqbool A，et al. 2018. Polymorphic residues in rice NLRs expand binding and response to effectors of the blast pathogen[J]. Nature Plants，4（8）：576-585.

Dixit V，Kamal S W J，Chole P B，et al. 2023. Functional foods：Exploring the health benefits of bioactive compounds from plant and animal sources[J]. Journal of Food Quality，22：5546753.

dos Santos M S N，Wancura J H C，Oro C E D，et al. 2022. Opportunities and challenges of plant bioactive compounds for food and agricultural-related areas[J]. Phyton-International Journal of Experimental Botany，91（6）：1105-1127.

Fang J Y，Yu G R，Liu L L，et al. 2018. Climate change，human impacts，and carbon sequestration in China[J]. Proceedings of the National Academy of Sciences of the United States of America，115（16）：4015-4020.

Fu B J，Liu Y X，Meadows M E. 2023. Ecological restoration for sustainable development in China[J]. National Science Review，10（7）：nwad033.

Galanakis C M. 2021. Functionality of food components and emerging technologies[J]. Foods，10（1）：128.

Galloway J N，Dentener F J，Capone D G，et al. 2004. Nitrogen cycles：past，present，and future[J]. Biogeochemistry，70（2）：153-226.

Good A. 2018. Toward nitrogen-fixing plants[J]. Science，359：869-870.

Guo L W，Cesari S，de Guillen K，et al. 2018. Specific recognition of two MAX effectors by integrated HMA domains in plant immune receptors involves distinct binding surfaces[J]. Proceedings of the National Academy of Sciences of the United States of America，115（45）：11637-11642.

Hassoun A，Aït-Kaddour A，Abu-Mahfouz A，et al. 2023. The fourth industrial revolution in the food industry—Part I：Industry 4.0 technologies[J]. Critical Reviews in Food Science and Nutrition，63（23）：6547-6563.

Henry R J. 2020. Innovations in plant genetics adapting agriculture to climate change[J]. Current Opinion in Plant Biology，56：168-173.

Hou Z C，An L，Han J Y，et al. 2018. Revolutionize livestock breeding in the future：An animal embryo-stem cell breeding system in a dish[J]. Journal of Animal Science and Biotechnology，9：90.

IRENA. 2020. Global Renewables Outlook：Energy Transformation 2050[EB/OL]. https://www.irena.org/publications/2020/Apr/Global- Renewables-Outlook-2020[2024-12-30].

Jach M E，Serefko A，Ziaja M，et al. 2022. Yeast protein as an easily accessible food source[J]. Metabolites，12（1）：63.

Jansson J K，McClure R，Egbert R G. 2023. Soil microbiome engineering for sustainability in a changing environment[J]. Nature Biotechnology，41（12）：1716-1728.

Ju J H，Yoon Y H，Shin S H，et al. 2022. Recent trends in urban agriculture to improve bioactive content of plant foods[J]. Horticulturae，8（9）：767.

Lawson C E，Harcombe W R，Hatzenpichler R，et al. 2019. Common principles and best practices for engineering microbiomes[J]. Nature Reviews Microbiology，17（12）：725-741.

Li S B，Tian Y F，Jiang P，et al. 2021. Recent advances in the application of metabolomics for food safety control and food quality analyses[J]. Critical Reviews in Food Science and Nutrition，61（9）：1448-1469.

Liu H，Fan J，Liu B，et al. 2021. Practical exploration of ecological restoration and management of the mountains-rivers-forests-farmlands-lakes-grasslands system in the Irtysh River Basin in Altay，Xinjiang[J]. Journal of Resources and Ecology，12（6）：766-776.

Long B M，Rae B D，Rolland V，et al. 2016. Cyanobacterial CO_2-concentrating mechanism components：Function and prospects for plant metabolic engineering[J]. Current Opinion in Plant Biology，31：1-8.

Long S P，Marshall-Colon A，Zhu X G. 2015. Meeting the global food demand of the future by engineering crop photosynthesis and yield potential[J]. Cell，161（1）：56-66.

Lu N，Tian H Q，Fu B J. 2022. Biophysical and economic constraints on China's natural climate solutions[J]. Nature Climate Change，12：847-853.

Rogers C，Oldroyd G E D. 2014. Synthetic biology approaches to engineering the nitrogen symbiosis in cereals[J]. Journal of Experimental Botany，65（8）：1939-1946.

Shang L G，Yan Y L，Zhan Y H，et al. 2021. A regulatory network involving Rpo，Gac and Rsm for nitrogen-fixing biofilm formation by Pseudomonas stutzeri[J]. NPJ Biofilms and Microbiomes，7（1）：54.

Shogren R，Wood D，Orts W，et al. 2019. Plant-based materials and transitioning to a circular economy[J]. Sustainable Production and Consumption，19：1-22.

Sorrenti V，Burò I，Consoli V，et al. 2023. Recent advances in health benefits of bioactive compounds from food wastes and by-products：Biochemical aspects[J]. International Journal of Molecular Sciences，24（3）：2019.

Stout E，Klaenhammer T，Barrangou R，2017. CRISPR-cas technologies and applications in food bacteria[J]. Annual Review of Food Science and Technology，8：413-437.

Trivedi P，Batista B D，Bazany K E，et al. 2022. Plant-microbiome interactions under a changing world：Responses，consequences and perspectives[J]. The New Phytologist，234（6）：1951-1959.

Xiao J，Liu B，Yao Y Y，et al. 2022. Wheat genomic study for genetic improvement of traits in China[J]. Science China：Life Sciences，65（9）：1718-1775.

Yang J G，Xie X Q，Yang M X，et al. 2017. Modular electron-transport chains from eukaryotic organelles function to support nitrogenase activity[J]. PNAS，114（12）：

E2460-E2465.

Yu G R，Chen Z，Wang Y P. 2024. Carbon，water and energy fluxes of terrestrial ecosystems in China[J]. Agricultural and Forest Meteorology，346：109890.

Zhang W F，Dou Z X，He P，et al. 2013. New technologies reduce greenhouse gas emissions from nitrogenous fertilizer in China[J]. PNAS，110（21）：8375-8380.

Zhang X，He D，Zhao Y，et al. 2018. A positive-charged patch and stabilized hydrophobic core are essential for avirulence function of AvrPib in the rice blast fungus[J]. Plant Journal，96（1）：133-146.

关键词索引